本书献给所有为减肥而困惑，和曾经被减肥伤害的朋友，献给追随我、支持我的学生们，也献给我伟大的母亲。

在本书创作出版的过程中，得到了很多人的帮助。再次感谢张增强先生、空军航空医学研究所营养研究中心杨昌林主任、著名营养师顾中一先生、著名医学专家张雪琴教授、中国工商银行周文艳和米箫唯女士、《人民法制》杂志社副秘书长李强先生、奥运冠军体能训练师赵晓峰先生，以及我的朋友果睿菁、Alcad、张程玮、王立群。

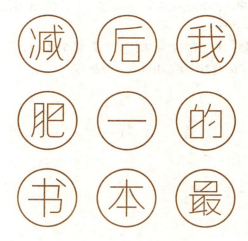

仰望尾迹云/著

电子工业出版社
Publishing House of Electronics Industry
北京·BEIJING

未经许可，不得以任何方式复制或抄袭本书之部分或全部内容。
版权所有，侵权必究。

图书在版编目（CIP）数据

我的最后一本减肥书 / 仰望尾迹云著 . —— 北京：电子工业出版社，2017.5
ISBN 978-7-121-31231-1

Ⅰ. ①我… Ⅱ. ①仰… Ⅲ. ①减肥 – 基本知识 Ⅳ. ① TS974.14

中国版本图书馆 CIP 数据核字 (2017) 第 063725 号

策划编辑：于兰
责任编辑：于兰
特约编辑：于静
印　　刷：中国电影出版社印刷厂
装　　订：中国电影出版社印刷厂
出版发行：电子工业出版社
　　　　　北京市海淀区万寿路 173 信箱　邮编：100036
开　　本：880×1230　1/32　印张：7.5　字数：300 千字　彩插：1
版　　次：2017 年 5 月第 1 版
印　　次：2019 年 5 月第 17 次印刷
定　　价：49.00 元

凡所购买电子工业出版社图书有缺损问题，请向购买书店调换。若书店售缺，请与本社发行部联系，联系及邮购电话：（010）88254888，88258888。

质量投诉请发邮件至 zlts@phei.com.cn，盗版侵权举报请发邮件至 dbqq@phei.com.cn。

本书咨询方式：QQ1069038421。

目录

推荐序 / 008

"模块化饮食法"受益者们说 / 010

第1章 减肥,别只看体重
为什么她不称体重,减肥才成功了?

NO.1 / 减肥不等于减体重 / 014
NO.2 / 一天瘦一斤,瘦下去的是什么? / 015
NO.3 / 减肥时体重不变,就是失败吗? / 021
NO.4 / 减肥,不看体重看什么? / 025
NO.5 / 体脂秤能测准你的体成分吗? / 030
NO.6 / 买一把便宜好用的脂肪卡尺 / 038

第2章 快速减肥——折腾人的体重游戏
为什么减肥最慢的一个反而成功了?

NO.1 / 为什么快速减肥=快速反弹? / 044
NO.2 / 为什么减肥越快,反弹越快? / 050
NO.3 / 快速减肥有多危险——减肥不能以健康为代价 / 054
NO.4 / 快速减肥容易导致女性月经紊乱和骨质疏松 / 056
NO.5 / 如何预防或者治疗减肥引起的月经紊乱? / 061

NO.6 / 快速减肥，可能会毁掉你的免疫功能 / 063
NO.7 / 快速减肥为什么会伤害免疫功能？ / 066
NO.8 / 如何预防快速减肥导致的免疫力降低？ / 070
NO.9 / 只有慢减肥才是真减肥 / 074

第3章 全世界都在忽悠你——减肥知识我该信谁？
微信减肥内容正确率不到 1%

NO.1 / 减肥，为什么全世界都在忽悠你？ / 080
NO.2 / 减肥，为什么好骗？ / 090
NO.3 / 减肥伪科学都是怎么骗人的？ / 095
NO.4 / 怎么鉴别减肥伪科学——三个"金标准" / 100

第4章 从零开始精通运动减肥
运动减肥原来不止是"动"这么简单

NO.1 / 没有不能减肥的运动 / 108
NO.2 / 持续性有氧运动 / 110
NO.3 / 如何简单地衡量运动强度？ / 112
NO.4 / 高强度间歇性运动 / 115
NO.5 / 如何让运动后过量氧耗多一点？ / 120
NO.6 / 力量训练 / 126
NO.7 / 不运动的碎片活动减肥法——NEAT 减肥法 / 128
NO.8 / 具体如何安排运动减脂？ / 131
NO.9 / 健身房力量训练入门 / 135

第5章 "模块化饮食法"前篇——减肥你该吃多少？
以前吃不饱，现在吃不了的奇怪减肥法

NO.1 / 模块化饮食法，是一种什么样的减肥法？ / 152
NO.2 / 简单三步完成模块化饮食法 / 155

NO.3 / 有关热量消耗的那些事儿 / 159
NO.4 / 每日热量消耗怎么算？/ 173

第6章 "模块化饮食法"后篇——如何利用模块化食材表？

减肥时他终于有了"掌控感"

NO.1 / "模块化饮食法"如何制造热量缺口？/ 178
NO.2 / 关于热量单位的误区 / 181
NO.3 / 一份完美的食材表 / 183
NO.4 / 模块化饮食法具体如何使用？/ 188
NO.5 / 模块化饮食法有哪些好处？/ 190
NO.6 / 使用模块化饮食法如何注意膳食营养 / 196
NO.7 / "食物相克"是真的吗？/ 200
NO.8 / 运动模块如何使用？/ 202
NO.9 / 模块化饮食法如何应对减肥平台期？/ 204

第7章 不骗你，我亲身验证——个人经验靠得住吗？

"6个酸枣"真的是减肥"神药"吗？

NO.1 / 适合别人的不一定适合你 / 210
NO.2 / 我觉得有用的，不一定是真有用 / 218
NO.3 / 个人经验，容易受到价值观的影响 / 224
NO.4 / 伪科学是如何利用我们"想当然"的心理的？/ 231
NO.5 / 理解实践是检验真理的唯一标准 / 235

推荐序

这是一本指导肥胖人群科学减脂瘦身的通俗、实用的科普著作——我认真通读了仰望尾迹云撰写的《我的最后一本减肥书》之后，得出了上述结论。

随着我国经济的快速发展和人民生活水平的提高，人们的饮食结构发生了很大改变，高能量密度的食品摄入增加，加之体力活动减少，超重和肥胖的人数逐年增加，2010—2012年中国居民营养与健康监测显示，我国18岁及以上成人超重率为30.1%，肥胖率为11.9%。超重和肥胖是多种慢性非传染性疾病的危险因素。通过平衡膳食和适当运动等健康的生活方式使体重长期维持在健康体重范围是预防多种慢性非传染性疾病的重要方法。越来越多的人认识到超重、肥胖对健康的危害，自愿努力减轻体重，特别是减掉多余的脂肪。然而，社会上有很多不科学的减肥文章和书籍，严重误导了超重和肥胖人群，往往使他们走入快速减肥然后又快速反弹的死胡同。

我看过多本减肥方面的书籍和大量的文章，有些理论性强，但实操性差；有些太专业，名词概念说得不够到位，对于没有医学、生理学等方面基础知识的人，很难理解；还有一些书籍和文章，主要以推销产品为目的，围绕产品讲述减肥，离开产品则无从下手。

《我的最后一本减肥书》针对社会上流行的几类常见的不科学减肥方法，分析批驳了其中的谬误，细致说明了其错误所在，为科学减脂扫清道路。本书通俗易懂，实用性强，通过具体实例，引入科学概念，将生涩的学术概念用较为通俗的语句表达出来。大多数要点都有实例说明，使读者更容易理解。本书采用深入浅出的手法给读者讲清楚能量代谢的基本概念，使得读者明白其中的道理，理论指导实践，按照书中给出的方法和步骤可以通过自我锻炼和饮食控制稳步达到减少体内脂肪、瘦身塑形、健康体魄的目的。

我向大家推荐本书基于以下几个理由：该书制订了较为个性化的体力活动和运动健身的具体方法，在加强能量消耗上有切实可行的操作步骤；在控制能量摄入方面，制订了模块化食材表，方便读者选择适合自己的膳食搭配，并且内容细致，用实例引导读者加深理解。

我很高兴看到这样一本科学指导减肥的科普书籍出版。我认识仰望尾迹云的时间不长，但是他给我留下了很好的印象，他自学和研读了大量营养学和运动医学专业著作，并且把这些专业知识融会贯通，用浅显易懂的文字把专业知识表达出来，让没有医学和运动生理学知识的大众理解并且按照书中给出的方法去实施。此外，仰望尾迹云还利用网络开展减肥瘦身的科学普及教育，使很多希望健康、健美的人获得专业水平的指导。

这本书有别于口号式的商业宣传，不同于误导大众的众多具有神奇功效的减肥秘籍。读者应该认真阅读本书，理解书中的基本方法和原理，按照书中提出的方法进行减脂瘦身，改善自身健康，重塑健美体形。

我相信，通过学习本书，读者会获得科学知识和有效的减脂降重效果。

全军营养医学专业委员副主任委员
中国营养学会特殊营养专业委员会副主任委员　杨昌林

"模块化饮食法"受益者们说

2014年减肥80斤后,营养学与运动知识的贫乏,使我难以找到有效抑制体重反弹的方法。直至看到仰望尾迹云的知乎专栏,才仿佛找到一盏明灯,让我从营养、人体机能等多个角度审视自己的减肥得失,根据实际情况调整减肥策略,3年以来取得了良好的效果。这本新著参照了大量研究文献,并结合不同人体实际情况,给出了具体的减肥方案。我相信,本书会给你耳目一新的感觉。

——清华大学博士后,航空装备专家 王立群

我是一名获得过冠军、打过亚锦赛和世锦赛的国家队健体运动员,挑战过减脂、脱水、人体运动能力的极限。拜读完这本书,我相信,它就是实现您美好身材的一个完美的数学方程式。您的生命,值得拥有一副完美的身躯。

——冠军健体运动员,亚洲健美健身A级裁判,国家队健体运动员 黎敬华

我走过全世界很多地方,在世界范围内,这都是一本值得推荐的好书。我曾经被肥胖问题困扰多年,自这本书开始,我找到了真正有效健康的解决方案。这本书不同于多数取悦读者的减肥畅销书,它是一本通俗的学术著作。

——英国糖人公司亚洲总裁,本书受益者 薛秒典

作者知识渊博,有深度,著写本书更是清扫了无数减肥伪科学!本书易懂、客观、严谨。毫无疑问,众多肥胖人士通过本书的原理和实操,就可以轻松绕开减肥的各种害人雷区,获得理想的好身材!这是一本良心好书!

——著名健身科普组织者,"补剂品赏"工程创始人 Alcad

本书给我最深刻的感受是实事求是，真实有效。不夸张地说，读一本胜过百本千本。

——原华资实业股份有限公司总经理，本书受益者　刘德选

营养师团队没有解决的问题，本书帮我解决了。感恩中国有这样的良心科普读物。

——原双马集团董事长，本书受益者　李国华

本书之"模块化饮食"，可减肥，亦可保健强身，且简单易用，毫不冗杂，可见作者治学之严谨，用心之良苦。中国有此人，乃大众之福也。

——中国书画家协会理事，中国神州画院院长，本书受益者　林榕

减肥，别只看体重

|章|首|故|事|

为什么她不称体重，减肥才成功了？

小菲（化名）身高169厘米，我刚开始指导她减肥的时候，她的体重是61公斤。她跟我说，她的目标是50公斤，无论如何也要减到这个体重。

小菲来找我之前，自己减肥已经好几年了。前后使用过很多方法，还坚持过一段时间极低热量饮食，每天只吃一点代餐粉。她说那段时间减肥差点出事儿——减肥减进了医院，已经出现了严重的心律不齐。

但是，小菲的减肥过程跟很多人一样，就是玩"体重过山车"。突击减肥一阵子，体重掉几公斤，之后马上又反弹了。减肥最"成功"的时候，她的体重达到过48公斤，就是"差点出事儿"那次。但是饮食被迫恢复正常后，体重马上就反弹了。

小菲给我看了看她的肚子，有两层"游泳圈"。她说："真怪了，体重掉到48公斤那次，人差点都完了，也没把这俩游泳圈减下去，肚子上还是有肉。但是有一次我用HIIT（High-intensity Interval Training，即高强度间歇训练）减肥，没节食，减了2周，体重一点没变，结果肚子却小了。"

我问她为什么没有继续做HIIT，她说："体重没变怎么能算减肥呢？"

小菲家里有3个体重秤，两个电子的一个机械的。小菲说，减肥这么辛苦，称体重一定要准确，不要在这上面掉链子。小菲只要在减肥期间，每天至少要称一次体重，做好记录。看到体重下降了，她才觉得她是真瘦了。

我跟她说，这次减肥能不能做到两个月之内不称体重？我还记得她听到时的惊讶表情。最后好说歹说，小菲勉强同意使用我的减肥方法，第一个月之内忍住不称体重。我跟她说，必须要忍住，否则减肥可能就前功尽弃了。最后，我给小菲测量了腹部皮下脂肪的厚度，记录了数据。我还给她制订了饮食计划，以及每周6天的运动计划，其中还包括低强度的力量训练。计划进行到二十多天的时候，小菲打电话找我，说她没忍住，"破戒"称了体重。

二十多天前，小菲找我减肥的时候，她的体重是61公斤。二十多天后体重是59公斤还多一点点。小菲说，满打满算才减了2公斤。太慢了！我问她，你照镜子觉得这二十多天应该减了多少？她说，我看着好像轻了有10斤吧，肚子上的肉明显少了，腰围也小多了，所以我才忍不住称了体重。

后来我给她测了腹部皮下脂肪的厚度，对比之前的数据，减少非常明显。小菲对自己的体重减少很不满意，但一照镜子又觉得很有成就感。她说，如果按照我以前每天称体重的习惯，这次减肥我早就放弃了，因为减得太慢了。

小菲接下来整整坚持了一个月没称体重，期间饮食计划调整过1次。前前后后近两个月，小菲再称体重——55公斤。虽然她还是不满意，但是整个人看起来瘦多了，最明显的是腹部已经能够隐约看到马甲线。这件事对她的鼓舞非常大。

后来小菲不怎么爱称体重了，该怎么减怎么减。但是她一直有个疑问：48公斤的时候，肚子上是游泳圈；55公斤的时候，怎么就有了马甲线呢？

其实小菲的故事很典型。很多人觉得，体重减轻了，就是脂肪减少了。但不要忘记，我们身体的重量可不光是脂肪，最起码还有肌肉。而且我们知道，人体60%以上都是水分呢！所以仅仅看体重的变化，怎么就能认为都是脂肪的增减呢？

身体里除了储存脂肪以外的那些体重，叫瘦体重。在减肥的过程中，脂肪是坏东西，但瘦体重可是好东西——瘦体重越多，减脂越容易。错误的减肥方法，偏偏就是把瘦体重减掉了，没减掉多少脂肪，所以才会出现体重降低了但肚子上的游泳圈还在的情况。而健康的减肥，减少脂肪的同时身体的瘦体重会保持，甚至还会增加。脂肪减少的同时瘦体重增加，这样体重的变化当然就不明显。这就是小菲55公斤的时候，能看到48公斤时没有看到的马甲线的原因。

减肥不等于减体重

我们长期的习惯，是把减肥等同于减轻体重，用体重的变化来衡量减肥的效果，就像小菲一样。但实际上，减肥和减重，是两个完全不同的概念。

按照西方人标准的理论人体模型，人的体重里面，大约有36%是肌肉，9%~15%是必需的脂肪，15%是储存脂肪，12%是骨骼，还有25%左右是其他组织，这些其他组织包括内脏、皮肤、血液等。所以，除了特别胖的人之外，人的体重里面，脂肪所占的比例一般不大，我们的体重大多数都不是脂肪，而是瘦体重。所以，减肥不是减体重，减体重也不是减肥，只有减脂肪，才叫减肥。

举个最简单的例子，不管男性还是女性，我们做力量训练，肌肉都会增多，这就会带来体重的增加。肌肉增多带来的体重增加，不能叫"变胖"。因为我们增加的是健康的、漂亮的肌肉，而不是不健康的、难看的脂肪。

增肌增重，不但不会"变胖"，反而有助于减肥。因为肌肉越多，基础代谢率越高，平时运动或者活动，消耗的热量也越多，另外我们也越能通过适应性产热来消耗热量。总而言之，肌肉能帮助我们大量消耗热量，这样减肥也就更容易。关于这个问题，我们在下一章里会专门讲。

NO.2 一天瘦一斤,瘦下去的是什么?

很多人减肥,昨天 100 斤,今天一称体重——99 斤,很开心,以为自己减了 1 斤脂肪。别着急这么说,你确实是减少了 1 斤的体重,但真的是减少了 1 斤脂肪吗?恐怕不是。

为什么这么说呢?因为脂肪的减少速度其实非常慢。俗话说"一口吃不成胖子"。的确是这样,脂肪的堆积,不是一两天完成的。同样,一顿两顿,也饿不成瘦子。

我们来看一下 1 公斤脂肪能储存多么巨大的能量。人体的 1 公斤脂肪组织,一般能够储存 7700 千卡左右的能量(1 公斤纯脂肪可以储存 9000 千卡热量,人体脂肪组织中还有少量水分和其他一些非脂肪物质)。那么,想要减掉 1 公斤脂肪,就需要额外消耗掉 7700 千卡热量。这个道理很简单。

一般人对 7700 千卡热量究竟有多少没概念,我给大家打个比方。

7700 千卡热量大约相当于 13 斤米饭!约 16 个汉堡!一个普通身材的女性,慢跑 1 小时(速度约 7 千米/小时),也才只能消耗 300 千卡左右的热量,所以,想要通过运动直接消耗 7700 千卡热量,就需要慢跑将近 26 个小时!这个运动量,相当于从北京一口气跑到天津,再折返一半的路程!而想要通过节食消耗 7700 千卡热量,一个普通身材的女性完全不吃东西,也需要饿整整 5 天!

正常身材的成年男性,身体里一般有 15 公斤左右的储存脂肪,这些脂肪足够他在完全不进食的状态下存活 50~60 天。肥胖个体,部分可不进食、仅靠自己储存的脂肪生存超过 120 天[1]。

我们能看出,脂肪储存着非常巨大的能量。脂肪是数亿年进化赋予地球生物储存能量的物质,在食物短缺的时候,这东西是用来保命的。脂肪如果不好使,恐怕地球生物早就灭绝了。

所以,想要真的减掉 1 公斤脂肪,其实是一件非常难的事。而我们以往的减肥经验告诉我们,似乎"瘦"1 公斤挺容易的。这是因为,你减掉的并不都是脂肪。甚至,错误的减肥方法,让你快速减掉的体重几乎完全不是脂肪。

那么,很多人减肥的时候,体重迅速减轻,减掉的不是脂肪,是什么呢?——主要是水分。

我们的体重组成里面,变化最快的,最容易快速增减的,就是瘦体重中的水分。身体水分的丢失和增加很容易,可以在短时间内快速反映到体重的变化上来,让体重快速增加,或者快速减少。下面我们来解释一下当你错误地快速减肥时,身体是如何丢失水分的。

快速减肥时,身体中的两种物质会迅速减少,一个是糖原,一个是蛋白质。在糖原和蛋白质丢失的过程中,我们的身体伴随着丢失大量的水分。

糖原这个概念,很多人并不熟悉。糖原,其实就是储存在我们身体里的糖,主要的储存地点在肌肉和肝脏内。储存在肌肉里面的叫"肌糖原",我们做中等以上强度的运动时最需要它;储存在肝脏里面的叫"肝糖原",两餐之间稳定血糖,就需要肝糖原。

身体储存糖原,也是一种储存能量物质的方式,这跟我们储存脂肪,功能上没有本质的区别。但是,都是储存能量,储存脂肪和储存糖原,对体重的影响可不一样。

储存脂肪,在储存大量能量的同时,不容易带来体重的增加。因为,首先脂肪热量密度大,同样的重量,脂肪的热量本身就是糖的 2 倍多。另外,身体脂肪的含水率很低(大约只有

10%)。刚才说了,1公斤身体脂肪能储存高达7700千卡左右的热量,很大程度上也是因为脂肪水分少,干货多。

糖原则不同,身体每储存1克糖原,要同时伴随储存3克左右的水(某些个体可以达到4克)。所以,糖原是水分多干货少,再加上糖的能量本身就不高,所以对于糖原,储存的能量有限,但会带来体重的明显增加。

人体中一般能储存500克以上的糖原,这些糖原,加上附带储存的水分,一般就有2~3公斤重。糖原增加,会给身体额外增加水分;糖原减少,它附带的水分也就丢失掉了。所以,糖原的增减,对体重的影响就会很明显——增加一点,体重会迅速增加;减少一点,体重也会迅速减少。

快速减肥的方法,往往要求过度节食或明显降低碳水化合物的摄入量,或者大量运动。这些做法在前期其实并不足以造成多少脂肪的减少,但却无一例外地会导致身体糖原储量快速

降低。一般来说,肌肉里的糖原(肌糖原),只需要3~5天低碳水化合物饮食或明显节食,再配合大量运动,储量就能降低60%~70%;而肝糖原则变化更明显,只需要一天过度节食或禁食,就可以把肝糖原基本耗光。

这样,身体丢失了大量糖原,同时也丢失了糖原所携带的水分,就会导致体重迅速降低。这是快速减肥时人体丢失水分的重

要途径之一。

快速减肥时,人体丢失水分的另一个途径就是通过蛋白质的丢失,这里既包括肌肉里的蛋白质,也包括我们内脏器官中的蛋白质。

很多人都知道,错误的减肥方法是会"丢肌肉"的。但是错误的减肥方法,也会把内脏器官减掉吗?确实如此。比如我们的肝脏,其中就有约100克蛋白质,是可以在蛋白质不足或糖类不足时用来周转的[2]。过度节食,甚至会造成心脏蛋白质的分解[3]。

错误的减肥方法往往强调过量节食、过度降低碳水化合物的摄入量,或大量运动。过量节食,容易导致蛋白质摄入不足。蛋白质摄入不足,身体又无时无刻不需要蛋白质来维持生理机能。在这种情况下,身体只好通过分解消耗自身蛋白质来满足蛋白质的需要,这是身体丢失蛋白质的一个主要原因。

另外,过度节食或者碳水化合物摄入不足,导致人体的糖储存不足,也会导致蛋白质消耗的增加。因为身体时刻需要保持一定量的血糖供应,吃太少,或者碳水化合物供应太少,血糖降低的时候,身体就需要通过"糖异生"把蛋白质转化成葡萄糖。

如果过度节食的过程中还安排了大量运动,那么蛋白质的丢失会更明显。首先,运动本身会消耗一定量的身体蛋白质;而在过度节食或低碳水化合物饮食期间,身体的糖类储存本来就告急,在糖储存不足的情况下大量运动,就会使身体蛋白质氧化比例提高,消耗更多身体蛋白质。

丢失蛋白质为什么会丢失水分呢?这是因为,不管是含有大量蛋白质的内脏器官,还是肌肉,含水量都很高。拿肌肉来说,肌肉中有 70% 左右都是水。所以,丢失身体蛋白质,等于同时丢失大量水分。

最后,减肥如果导致大量身体蛋白质丢失,则会同时减少血液量。因为身体丢失了一部分血管网丰富、大量耗氧的组织(肌肉和内脏),因此就不需要那么多血液去供应氧气。血量的丢失,也是丢失水分,会很快反映到体重的迅速降低上面来。

糖原、蛋白质和血量的丢失加在一起,会带来非常大量的水分丢失。加上蛋白质和糖原本身的重量,可以带来体重的迅速降低。所以,很多快速减肥方法让你一天之内就能减掉一两斤,其实一点也不奇怪。

可这样的快速减肥,减少的多是糖原、蛋白质、血量,伴随着大量水分,真正的脂肪减少则少之又少(因为脂肪储存的热量非常大,我们短时间内根本消耗不了那么多热量)。所以,会出现这样一种尴尬的局面:体重下去了,但是人看起来还是胖胖的。这也就是章首故事里的小菲快速减肥到 48 公斤的时候,肚子上还是有"游泳圈"的原因。她减掉的是瘦体重,留下的反而是脂肪。

NO.3 减肥时体重不变,就是失败吗?

上面说,体重减少,人不一定是真的瘦了。但如果体重增加,人就一定是胖了吗?不一定,道理是一样的。因为如果增加的是瘦体重而不是脂肪(比如增肌),人的体重增加了,但人并不是变胖了。

还有一种情况,在减肥的过程中,脂肪减少了若干公斤,瘦体重同样增加了若干公斤,这样体重没变,但人也确实是瘦了。

当然,人的瘦体重增加是有极限的,但脂肪的增加,几乎可以被认为是没有上限的。所以,如果一个一百多公斤但个头不算高的大胖子,他减肥是否成功,必须要看体重是否下降。因为他的脂肪实在太多,瘦体重的增加,无法抵消这么多脂肪的减少。

但是对于绝大多数人来说,我们可能就是在纠结10斤或20斤的体重,在这个范围内,瘦体重的增多,是完全有可能抵消脂肪的减少的。

这就是说,如果你体重基数特别大,在减肥前期,体重没变化,可能是瘦体重的增加抵消了脂肪的减少;但如果长期体重没变化,那很可能就是减肥失败了。因为瘦体重的增加是有限的,随着减肥时间的延长,体重的变化越来越不依赖于瘦体重的变化。减肥前期,脂肪减少,瘦体重增加,体重可能持平;但是在减肥中后期,瘦体重无法继续增加,那么脂肪的减少必然带来体重的下降。如果这时候体重还没下降,那减肥方法很可能就有问题。

如果你只是稍微有点胖,想让自己身材更漂亮,那么就不需要纠结于体重。当你最终减肥成功的时候,虽然整个人看起来有了翻天覆地的变化,但可能体重变化并不大。

减肥期间瘦体重增多,主要是什么东西变多了?可能增加多少体重呢?

首先是肌肉的变化。增肌是增加瘦体重的一个最重要的途径。有人说,男人增肌好像还容易,女人也能增肌吗?当然可以。

有这样一项实验,该实验对比了女性在12周不节食随便吃的情况下,做耐力训练和力量训练的减脂效果。12周后,耐力训练组体脂平均减少1.6公斤,肌肉质量不变;力量训练组体脂平均减少2.4公斤,效果比耐力训练组更好,而且肌肉平均增加了2.4公斤。不但脂肪减少更多,而且增加了大量肌肉,这样非常好,人更健康,以后减肥也更容易。

但请注意,这种更成功的减肥,从体重上反而看不出什么变化:减少了2.4公斤肥肉,增加了2.4公斤肌肉,就把体重的变化抵消了。

肌肉增加2.4公斤 ←→ 脂肪减少2.4公斤

上面的实验周期是12周,如果时间更长,肌肉增加还可能会更多。一般来说,即便是普通女性,通过正确且长期的系统力量训练，肌肉的增加量也能达到 5~8 公斤。

另外一种情况，肌糖原储量增加，也会带来大量的水分，进而增加体重。这也属于瘦体重的变化，是一种良性局面。

我们上一节提到了糖原，这里说的主要是肌糖原，就是肌肉里储存的糖类。高强度运动时，身体会大比例使用这种物质来给肌肉收缩提供能量。所以，运动会带来肌糖原储量的增加，这是身体的一种运动适应。

正确的运动方式和饮食配合能大量增加肌糖原，让身体水分增加，引起体重增加。

一般来说，一个 70 公斤的人，身体中肌糖原的储量约为 400~450 克。适当的运动配合中高碳水化合物饮食，就能引起肌糖原的超量储存，有时储量甚至会增加 1 倍以上。身体储存 1 克肌糖原，就要多储存 3 克左右的水分，所以，假如增加 400 克肌糖原的话，就会同时增加约 1.6 公斤体重。

所以，有的人平时不怎么运动，进食的碳水化合物也比较少，这样的话，肌糖原储量本来就不高。减肥时，进行了高强度运动，同时饮食上遵循低脂原则，减少了脂肪摄入，提高了碳水化合物的比例。这样在不知不觉中，肌糖原的储量可能会突然升高，带来体重的明显增加，这样就会抵消一部分减脂带来的体重减少。

而且，肌糖原储量的变化非常快，恰到好处的运动和饮食，可以在 3 天左右的时间里，使肌糖原的储量飙升。所以肌糖原储量增加带来的体重增加也是很快的。

最后，血量的增加，也是运动减肥导致体重增加的一个重要原因。原理很简单，肌肉体积增加了，必定需要更多血液来给这些肌肉组织供应氧气和营养。比如有数据称，不经常运动的人，有氧运动的第 1 周，血液量就会增加 500 毫升左右[4]，这会带来 1 斤左右的体重增加。

　　肌肉的增加、肌糖原的增加或血量的增加，都属于增加瘦体重。这些加起来，在减肥的头一年里，对普通人来说，可能轻松带来 7~10 公斤的体重增加。如果你这一年刚好也减掉 7~10 公斤的脂肪，那么你的体重是没有变化的。但是我们想一下，我们减了 7~10 公斤的肥肉，还增加了大量的肌肉，身材的变化会是多么明显！

　　减肥期间，瘦体重的增加在减肥前期会更明显，所以，使用健康的减肥方法，在减肥的头几周内，体重变化可能不大。但如果人仅仅依赖体重变化来衡量减肥效果，发现减肥减了两三周，体重没有明显变化，就以为自己的减肥方法不对，放弃了正确的减肥方法，反而转向了仅仅降低体重的错误减肥方法。这就是大多数人减肥经常失败的一个重要原因。

减肥，
不看体重看什么？

有人会问，减肥不看体重，那该看什么呢？想知道自己胖不胖，照镜子当然是个办法。但如何量化呢？BMI行不行？

我们先说一下BMI。

BMI就是所谓的"体质指数"，公式是：体重（kg）/身高（m）^{2}，即用体重除以身高的平方。从公式上看，BMI就相当于把人均匀地分成几段，称一称单位身高里人的体重。所以，体重越重，身高越低，BMI也就越高。BMI反映了人"横向发展"的程度，越胖的人，BMI自然越高。

BMI自20世纪五六十年代就开始用。但BMI多少算肥胖，多少算正常，不同国家和组织，规定都不一样。西方的标准一般略低。我国的标准，BMI值18.5~24算体重正常，24~28算超重，但还不算肥胖，超过28算肥胖。

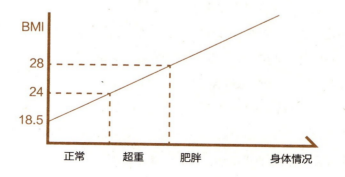

但BMI也不是绝对标准。对大多数普通人来说，BMI有相对较好的指导意义，但BMI也有两个重要缺陷。

首先，BMI不区分脂肪和肌肉，有些人超重，是脂肪太多；但也有些人超重，是肌肉比例大，比如力量型运动员。他们体重大是因为肌肉发达，所以不能叫"胖"。用BMI衡量这些人的健康或者胖瘦，他们就很冤枉。有数据称，美国2004—2005赛季的1124名橄榄球运动员中，BMI超过30的有43%，超过35的有14%。看起来很可怕，但其实这些运动员身体健康得不得了，一个个也都不胖。

其次，BMI不区分脂肪的分布位置，这也是个大问题。从健康的角度讲，内脏脂肪和皮下脂肪，前者要比后者危险得多，但BMI可分不出脂肪长在哪儿。两个身高体重一样的人，一个胖得很均匀，一个脂肪都集中在内脏处，从健康和审美的角度讲，这两个人完全不同，但BMI却是一样的。

所以，BMI高，不一定就是胖，也不一定就不健康；BMI低，不一定就不胖，也不一定绝对健康。BMI太粗略，所以有些问题还要具体来看。

那为什么BMI在全世界被广泛使用了半个世纪？实际上这也是没办法的办法。准确地测量人的脂肪含量，并且明确脂肪的分布位置，难度很大，只有在实验室或者医院才能测出来。绝大多数人，不可能有条件经常去做体成分测试。

BMI最大的好处就是简单，知道身高体重就能算出来。虽然有误判，但相对来说，效用价格比还是很高的，适合大范围人群使用。不用BMI的话，也确实没有更好的办法来衡量人的身高体重和健康的关系了。

简单来说，两个人，如果一个人肌肉比例大，身体含水量高，另一个人脂肪比例大，身体含水量低，那么可能两人身高体重完全相同，但看起来，却是一瘦一胖天壤之别。脂肪让人的身材臃肿难看，瘦体重却让人身材挺拔漂亮。

所以，减肥时我们应该关注的其实是体成分的变化。应该关注脂肪和瘦体重，哪个变多了，哪个变少了，而不仅仅是看体重。最成功的减肥，是瘦体重增加，脂肪减少；最失败的减肥，是脂肪没减多少，减掉的都是瘦体重。

如果脂肪和瘦体重都变少，体重会下降，身材也会改善，但这种减肥，只能算成功了一半。因为虽然减少了脂肪，但是也丢失了宝贵的瘦体重。这样减肥后，人看起来是没那么胖了，但可能会导致减肥后皮肤松弛，臀部、胸部变得干瘪，甚至站着的时候都觉得整个人是松松垮垮的，这都跟瘦体重的丢失有很大关系。并且，瘦体重丢失，会让减肥后保持体重的难度明显增大。

减肥，最理想的体成分变化是脂肪变少、瘦体重变多。在这种情况下，从外表上看，臃肿难看的脂肪被紧致挺拔的瘦体重替代。拿女性来说，皮下脂肪少了，肚子上的游泳圈没了；但腹肌增多，会让你拥有漂亮的马甲线；臀大肌增多，会让你的臀部更翘更丰满结实；腰背部肌肉增多，有助于改善人的站姿，让人显得挺拔精神。更不要说，你的代谢也会同时变得旺盛，下一步减肥会更容易。减肥，少了不该有的，多了该多的——这是最完美的局面。

但脂肪减少、瘦体重增加这种最佳的减肥局面，反映到体重变化上，却不一定会让人那么惊艳。身体里的物质，少了一部分，又多了一部分，体重的变化可能就被相互抵消。但是，我们没有获得"体重数字游戏"上的成就感，却实实在在地变瘦变漂亮了。章首故事中，小菲健康减肥减到 55 公斤时，看起来比不健康减肥减到 48 公斤时更瘦，身材也更好看，就是脂肪减少和瘦体重增加的效果的最好体现。

所以，减肥的过程中关注体成分的变化，比仅仅关注体重的变化，要有意义得多。从另一个角度说，在减肥的过程中，如果前期出现了体重没降低，甚至增加的情况，大家先不要着急质疑自己的减肥方法。其实你的减肥方法也有可能是非常正确的，你正在良性减肥，只不过效果没有反映到体重上去。

但是，也有的时候，减肥过程的前期体重没变，确确实实是减肥方法没找对。那么怎样区分自己是哪种情况呢？

一般来说，减肥前期虽然减脂了，但可能体重不变甚至增加的人，往往具有以下的特征：

* 以前不怎么运动，突然安排大量中高强度运动。
* 运动中有力量训练。
* 高碳水化合物、高蛋白饮食。

* 饮食控制合理,没有过度节食。

如果你符合以上的情况,那么在减肥前期不要太关注体重的变化,而是应该多照照镜子,看看自己身材实实在在的变化。

NO.5 体脂秤能测准你的体成分吗？

体脂秤，是一种人体体成分测量设备，确实可以用来测量人体脂肪和瘦体重的比例。体脂秤是怎么分辨出人体内的脂肪和非脂肪组织的呢？实际上，体脂秤基于一种测量体成分的技术，叫"生物电阻抗分析法"（Bio-impedance Analysis，BIA）。这种技术的原理，光看名称就能猜出来，简单地说，就是靠脂肪和瘦体重不同的导电率来区分它们。

脂肪和瘦体重里的水分含量不一样，所以电阻率也不一样，瘦体重水分更多，电阻也更低；脂肪因为含水量非常小，所以电阻要高一些。

BIA分析法是在人的皮肤表面放置几个接触电极，输入一个固定电流，之后获得一个电阻抗值。再利用这个电阻抗值，用公式算出人体的体成分。我们平常使用的体脂秤上都有几个光滑的金属触板，需要我们光脚踩上去，或者用手握着。这些金属触板就是接触电极。

因为BIA分析的最后结果是利用电阻抗值通过公式计算出来的，所以这是个"黑盒子"方法，测量出的直接结果很简单，就一个电阻抗值，结论需要计算。计算体成分的公式都是经验公式，而且不止一种。不同的公式之间，差异还挺大。所以，BIA分析法能不能精确测量体成分，不光要依赖测量数据的准确，还要看使用哪种公式。

虽然部分实验室和医院也在用BIA分析法，但实际上，在多种测量体成分的方法里，BIA不算是一种特别准确的方法。能使用广泛，主要是因为这种方法设备成本低，操作简单方便，而且便于携带，同时也具有一定的准确性。

实验室或医院里使用BIA分析法，相对来说具有一定的准确性，但并不等于所有的BIA设备都可以信任。从设备和操作方法上，实验室的BIA跟民用体脂秤区别比较大。所以，我们平时使用的体脂秤，并不准确，误差率很高。

实验室BIA分析法，从设备、操作方法，到对被测试者的要求，有如下几个条件必须满足。

* 被测试者是躺着的，而不是像我们使用设备时那样站着或者坐着。实验室中标准的BIA分析法，要求被测试者平躺在一个绝缘体表面，目的是人体和地面保持良好的隔绝，最大程度地减小测量误差。
* 电极片的数量要足够多。BIA设备的接触电极有2~8个不等。有些手持BIA分析仪，只有2个接触电极，这样的设备测量的准确率是相当低的。一般来说，接触电极至少要有4个，有些设备使用8个接触电极，这样测量的结果可能更准确些。
* 接触电极必须贴在皮肤表面。这有点像做心电图。贴在皮肤表面的好处，就是可以稳定地控制电极接触皮肤的压力。因为BIA是测量电阻抗值，所以，电极跟皮肤接触得太紧或者太松，都会影响测量结果。

接触电极贴在哪儿也很重要。正确的位置能提高测量的准确度。这也跟皮肤的厚度有关。规范的要求是贴在手背、腕关节和脚背、踝关节处。

* 测量室温度、湿度要恒定。皮肤温度，也会影响电阻抗值的测量结果。测量室如果温度太高或太低，会影响被测试者的皮肤温度。皮肤温度高，测量结果容易让体脂率偏低；皮肤温度低，测量结果的体脂率往往会偏高。

  皮肤湿度也有一定的要求，如果测试环境太干燥，会影响测试结果。

* 被测试者处于恰当的水合状态。因为BIA测的是人体的电阻抗值，所以，人体的水合程度（水分含量多少）会对结果有很明显的影响。标准的操作规范，要求被测试者测量前3~4小时不能进食，测量时不能处于脱水或过度水合状态。比如运动后测量，就可能会因为运动时人大量出汗，造成身体水分大量丢失，影响测量结果的准确性。

  另外，BIA分析法对被测试者的身材也有要求。太胖的人、肌肉太多的人，或者瘦弱型个体，BIA的测量结果都会产生一定偏差。所以严格来说，BIA并不适用于运动员或者肥胖个体，只适用于不运动、身材适中的人，这个范围比较窄。

* 使用正确的计算公式。不同人种，身体组织密度有微小的差别。比如黄种人、白种人、黑种人的身体组织密度都不一样。这就要求针对不同人种使用相应的计算公式。但对于亚洲人来说，适用的测量体成分的各类公式很少。

所以，用BIA分析法，对设备和操作，甚至被测试者，要求都非常苛刻。总的来说，医学界对BIA这种方法评价不高，即便是在理想的情况下，测量结果也经常很不准确。

实际上我们了解了实验室的 BIA 分析法之后，对家用体脂秤或健身房的体成分分析仪，心里应该有个大致的评价了。这些测量体成分的方法，从设备到操作要求，再到被测试者的个人情况的配合，都明显达不到 BIA 的规范。

从设备来看，家用体脂秤的接触电极往往只有 2~4 个。健身房里的体成分分析仪，一般有 4~6 个接触电极。并且，这些设备在测量时被测试者都仅仅被要求抓握或者踩踏接触电极，这就造成一个问题，皮肤跟电极接触的压力不稳定，位置也非常不理想。

脚踩在电极上，跟规范的电极贴片方法相比，压力要大得多。而且因为被测试者是站着的，身体姿态不稳定，接触电极的压力也在不停变化。抓握的电极也一样，握得轻和握得重，测出来的电阻抗值也不一样，结果很难把握。

而且，不同的人，手心和脚心的皮肤厚度差别很大，有些人体力活干得多，或者经常运动，手上有老茧，这时皮肤的导电性就要低得多，明显影响测量结果。有些人手汗多，接触电极的皮肤过于湿润，电阻抗值测量结果也会受到干扰。同样，室内温度和湿度不恒定，也会对测量结果造成影响。冬天北方空气非常干燥，干燥的皮肤测出来的电阻抗值跟正常湿润的皮肤完全不一样。

所以，客观地评价家用体脂秤和健身房的体成分分析仪，结论并不能让人满意。尤其是家用体脂秤，很可能测量的结论并没有多少参考价值。

有些体脂秤，据称使用了所谓"双频 BIA 技术"，能提高测量的准确度。实际上这种技术也不见得能把体脂秤的准确度提高多少，它只是使用了两种频率的输入电流。但是家用 BIA 设备的固有缺陷，比如接触电极方式和位置、环境温湿度的不稳定等，还是没有得到改善。

另外，现在的体脂秤，为了制造产品卖点，多数声称不但可以测出人的体脂和瘦体重数据，还能测出内脏脂肪，甚至骨密度。实际上这是根本做不到的。

包括健身房的体成分分析仪，也不能准确地测量内脏脂肪的比例。这些设备里给出的所谓内脏脂肪的数据，实际上都是根据某种模型估算出来的。但每个人的内脏脂肪比例不一样，差别很大，这种估算没有多少实际意义。骨密度就更不要说，体脂秤这类东西根本不可能测得出来。BIA 分析法本身就无法准确测出骨密度，即便是实验室的设备也做不到。

实际上，准确测量体成分一直都比较难。过去一般使用"水下称重法"，这种方法，实际上类似于阿基米德帮锡拉丘兹国王鉴别金王冠纯度的方法——用水下称重测量出被测者的体积，再计算出身体密度，通过公式计算出体脂肪含量。

后来出现了一种用气体置换测量人体体积的方法，叫"太空舱法"。这种方法实际上跟水下称重方法原理类似，只不过操作要简单得多。人在一个密封舱里，通过气体置换，测量出人体体积。目前很多实验室都使用这种方法，结果也比较准确。这种方法的好处是，基本适合所有人。

更简单准确的方法就是X光断层扫描或核磁共振成像，也就是CT和MRI。这两种方法，都可以直接测量身体成分，很直观，测量结果也最准确。这两种测量方法的另一个好处是可以准确地直接测量出内脏脂肪。

还有一种方法，叫双能量X光吸收法（DXA）。这种方法中的仪器实际上是测量骨密度使用的。通过X射线穿过不同组织时的衰减程度变化，不但可以测量骨密度，还能测量体成分，精确度也非常高。

甚至于最简单的皮褶厚度测量法，如果操作得当，使用公式正确，准确度也很高。而且，皮褶厚度测量法有一个很大的好处，就是便于直接监控皮下脂肪的变化，而且设备简单，操作容易。

健身房的体成分分析仪或者一些体脂秤，声称还可以分别准确地看到躯干、手臂、腹部、腿部这些地方的肌肉量和脂肪量。但其实根本做不到。

因为健身房的仪器是通过测量人体的电阻抗值来计算体成分的,而人体躯干和四肢是串联的,虽然躯干体积大,但其电阻值只占人体总电阻值的 5% 左右,所以躯干部位的体成分误差也比较大。有些仪器使用多种频率电流来测量,分区域测量的准确率会有一些提高,但仍然是个问题。

另外,健身房的体测结果还有基础代谢率。提醒大家,这也是算出来的,并不是仪器直接测出来的。所以大家不要以为我在仪器上站了一下,出来的什么结果都是测出来的,并不是这样。

体脂秤声称能给出的有效数据	是否做得到
骨密度	×
身体分段体脂数据	×
实测的基础代谢率	×
内脏脂肪比例	×
准确度非常有限的体脂肪率	√

还有些仪器在结果的描述上也有问题,比如把去脂体重直接当成肌肉量。比如一个人测出来的结果是:体重 75 公斤,脂肪 10 公斤,骨骼肌 65 公斤。他专门拿类似这样的结果来给我看,很得意——你看我肌肉 65 公斤!我说你没有骨头吗?整个人重 75 公斤,10 公斤脂肪,剩下都是肌肉?

还有的测量结果是这样的:体重 75 公斤,脂肪 10 公斤,骨骼 10 公斤,肌肉 55 公斤。看起来好像很合理,但我想说,他没有内脏器官吗,全身除了脂肪、骨骼,就是肌肉?

这些都是简易器械在解读结果上出现的问题,对普通人来说误导很明显。

西方人的标准人体模型，成年男性一般肌肉比例是43%，必需脂肪是3%，还有14%的储存脂肪，15%的骨骼，最后有25%的其他组织。这是西方人的数据，中国人的脂肪含量往往要多一些，瘦体重要少一些。

有人想，体脂秤虽然不准确，但是不是能够反映出脂肪变化的趋势呢？这就好比一台体重秤，虽然不准，每次称都多5公斤，但把一段时间的体重记录下来对比，还是能看出你胖了还是瘦了。

这种想法很好，但是很遗憾，体脂秤恐怕做不到。因为体重秤如果不准，这个误差至少是稳定的，而体脂秤的误差不是稳定的，它的误差受到很多不确定干扰因素的影响，这次可能体脂结果高10%，下次就可能低10%，很难把握。

但如果想基本反映一个大致的趋势，怎么办？那最好是早上空腹测量，别喝水也别吃东西，早上起来测，接触电极的时候，不要太轻也不要太重，另外最好是在环境温湿度比较稳定的地方测量，这样的话两次测量结果也许勉强有可对比性。

NO.6 买一把便宜好用的脂肪卡尺

想准确地知道体脂率，目前还真没有特别方便的方法。但像测量皮褶厚度，以此来推算体脂率的方法，虽然简易但准确率也不低。

用脂肪卡尺测量皮褶厚度，需要手法很熟练，很多人测的时候误差比较大，而且有些部位自己测不了；另外也还有选择公式的问题，因为最后测量的结果要套公式，算出体

脂率来。人的脂肪多少和分布特点，跟人种有关系，所以这时候最好选择通过中国人自己的实测数据推导出来的公式。

但现在一般用的还是国外的公式，如比较有名的是日本的长岭公式，还有美国的 Jackson 和 Pollock 公式。中国也有自己的公式，比如郑四勤公式、姚兴家公式、元田恒公式，但这些公式一般都只适合青年人。人的皮下脂肪和内脏脂肪是有一定相关性的，但是随着年龄的增长，这个相关性会越来越低，所以年轻人的公式不一定适合年长的人。

通过皮褶厚度来估算体脂率，理想情况下效果不错，是一个很好的评价减肥效果的数据，因为它能直接反映出皮下脂肪的

增减。所以我建议大家可以买个脂肪卡尺，不用算体脂率，只是固定在全身几个位置经常夹一夹，这样你是胖了还是瘦了，很直观地就看出来了，不受身体含水量变化的影响，一般比称体重更准确。当然，前提是你测量皮褶厚度的手法要稳定。

一般测量时，注意首先位置要固定。估算体脂率，需要准确地找到几个位置，但如果拿来评价胖瘦就不需要特别严格，一般来说在肚子上、大腿上、胳膊上找几个点，记住位置就可以了。比如你胳膊上有个痣，那你干脆以后就夹这里。总之，每次夹哪里，位置要固定。另外，你是横着夹还是竖着夹，最好手法也固定。夹的时候，先捏起来，不要太用力，也不要太轻。夹的时间不要太长，否则脂肪组织可能凹陷，最后数据也不准确。一般来说，同一个人只要手法固定，位置固定，那么脂肪变化的趋势就能准确地反映出来。

减肥者真正需要知道的是身体脂肪的变化，而不是体重的数值变化。脂肪卡尺能直接测量皮下脂肪的变化，所以比通过称体重监控减肥效果更准确，也更直接。

脂肪卡尺可以直接测量皮下脂肪的厚度，非常准确，非常直接。有些人减肥，自己看着好像瘦了，但是体重没变，就很疑惑，接下来不知道该怎么办了。这时候，如果你之前用脂肪卡尺测量了数据，那就容易了，一对比，你是胖了还是瘦了明明白白。比如，你之前腹部皮下脂肪是5厘米，再一量，变成了3厘米，那毫无疑问，你就是瘦了。别管体重怎么变，你脂肪确实少了。

反过来说，我们如果使用了错误的减肥方法，减掉的体重里面脂肪并不多，多数是水分和肌肉。这种减肥方法就不健康，不利于持续减脂，后面减起来会越来越难。这时候，你也需要脂肪卡尺，如果你发现体重降得挺快，但皮下脂肪减少不明显，那有可能你就是这种情况。

当然，脂肪卡尺只能测量皮下脂肪，内脏脂肪也会影响到体重的变化。但只要年龄不是特别大的人，皮下脂肪和内脏脂肪还是具有良好的相关性的，也就是说，一般不会出现内脏脂肪巨量减少皮下脂肪减少不明显的情况。重申一下，这是对年轻人来说。

另外，如果你觉得是内脏脂肪减了，皮下脂肪减少不多，那再测个腰围。如果腰围也没有明显变化，那说明内脏脂肪减少也不明显。腰围变化不大，皮下脂肪变化不大，体重明显下降，毫无疑问，你采用的就是错误的减肥方法，造成了脱水和掉肌肉。这时候，立即停止，马上更换方法，不然你可能会越减越肥。

具体怎么操作，我给大家举个例子。其实很简单，比如说A小姐打算减肥了，而且特别关注腿部脂肪的变化，那么在减肥之前先买个脂肪卡尺，测一测大腿前侧脂肪的厚度：站好，选择一条腿，在大腿前侧找个固定的位置，比如正中间，脂肪竖着拽起来（竖着捏脂肪最顺手），夹一下，测得5厘米，做好记录，写上时间。

减肥1个月后，同样的站姿，同样的位置，同样竖着捏起来，再一夹——3厘米！恭喜你瘦了，就这么简单！这时候你完全不用理会体重变化，或者健身房测的结果，你皮下脂肪就是少了，这是明摆着的事实。

[1] Forbes GB. Weight loss during fasting: implications for the obese. The americanAmerican Journal of Clinical Nutrition, 1970, 23:1212-1219.

[2] 蔡威等主编. 现代营养学. 上海：复旦大学出版社, 2010. 12:169.

[3] Melinda M.Manore等. 运动营养与健康和运动能力. 北京：北京体育大学出版社, 2011. 11:165.

[4] 李水碧编译. 体适能与全人健康的理论与实务. 台湾：艺轩图书出版社, 2012.

快速减肥——
折腾人的体重游戏

第2章

|章|首|故|事|

为什么减肥最慢的一个反而成功了?

我之前待的健身房有阵子开了个减肥班,不少会员参加。减肥班规定了每天定量很少的食谱,还组织会员大量运动。很快,班里很多人体重都降下来了,大家一开始都很高兴。

但减肥班里有个女会员,几节课下来,数她体重降得最慢。教练们都私下说,她给班里拖了后腿。教练说她,她也没当回事。后来,我就渐渐不见她再跟着减肥班运动了,经常是自己来运动一会儿就走。

减肥班的课程是60天。结束的时候,剩下的人也不多了。坚持到最后的那二十几个人,个个都显得有点憔悴,脸色也不怎么好看,连挺直腰的力气都没有了。但是多数人确实都瘦了一些。健身房把会员60天的体重变化印成表,贴在大门口,看体重下降程度倒是很鼓舞人。60天,大基数班平均减掉15公斤,小基数班也平均减掉了近13公斤。

有个教练跟我说起这件事,偷偷指着那个"拖后腿"的会员,说她早早就退出了,要是坚持下来也就减肥成功了。现在她自己练,两个月才减了4公斤,跟着练的会员减得最少的也比她多。我笑而不答。

后来我有阵子没去健身房。隔了不到两个月,再去的时候发现,之前坚持下来的那二十几个会员也走得七七八八,剩下的八九个身体无一例外地都胖回去了。之前什么样，现在还是什么样。大家没事还互相调侃，说教练借了咱的肥肉又还给咱了啊。

"拖后腿的"还经常来，我注意观察，她的身材反倒是真的变好了，整个人看着更精瘦。肩部变得圆润饱满，身材比例更协调，臀部也更加丰满圆翘。

越往后，越能看出差距。之前减肥"成功"的会员偶尔也会瘦几天，跟别人说这几天只吃水果，走路都发飘。用不了几天，饮食恢复就又胖回去了。大概一年后，我能认得出的，有的一点都没瘦下来，有的更胖了。

"拖后腿的"还坚持来，但她的身材一点没反弹，保持得很好。我觉得这是个不错的案例，之前轰轰烈烈的减肥班，一年后再看，谁是"失败者"，谁又是"成功者"呢？

减肥，恐怕要笑到最后才算成功。

很多人减肥减了"一辈子"，但还是没弄明白一件事：减肥不是跑100米，是跑马拉松。

减肥如果是一场比赛的话，我们的目的是赢得最后的胜利，而不是在比赛的某一个阶段超越对手。我们减肥，不管是为了身材更漂亮，还是身体更健康，都是想要漂亮一辈子，健康一辈子。漂亮一时，健康一时，都没有多大意义。

我不明白为什么很多人想不明白这个道理，花一个月的时间，体重快速减下来了，但欢喜几天后，迅速反弹，打回原形，甚至身材变得比以前还胖，有什么用呢？这能叫减肥成功吗？

为什么快速减肥＝快速反弹？

有人说，我花一个月的时间减下来，不让它反弹不就行了？我可以负责任地告诉你，快速减肥，一定会快速反弹。快速减肥想要不反弹，是不可能的。

我们生活在一个处处求快的社会里，不管干什么，好像都是越快越好。但实际上，有的事是快点好，有的事是慢点好。欲速则不达，这句话我们都听过。

所有胖人都想要永远瘦下去，没想过暂时瘦之后再反弹。但因为胖人都希望快点瘦下来，所以逐渐地，快速减肥代替了永久减肥，成了减肥成功的标志。如果我们仔细想想，其实这是一件很不合理的事。瘦得快怎么就是瘦得好呢？

很多人觉得，减肥越快越成功。减肥机构能让你的体重减得越快，就越有本事。实际上，快速减肥很简单。根本不用什么减肥机构或者所谓"减肥专家"——快速减肥人人都会。

我以前给我减肥课的学生打过一个比方，我说假如你去丛林旅游，被原始部落的人抓住了，说给你两个礼拜的时间，你必须给我瘦10斤，否则就把你杀掉。你怎么办？我建议读者读到这里，先不要往下读，自己也琢磨一下，如果你遇到这种情况，你会怎么办？

 在这种情况下，你没法参加所谓的"瘦身班"，也没法去宣传1个月瘦20斤的减肥门诊,你怎么办?我想,所有人都能想到——不吃饭,然后想尽一切办法运动!靠拼命挨饿和拼命运动来减肥。

其实,你去瘦身班,去减肥门诊,花钱让人家帮你减肥,也是这个套路:尽量少吃,同时做大量的运动。目的就是让你快速把体重减下来。你减肥速度越快,显得越有效,你会觉得,这钱没白花。实际上,这钱你根本不用花!

当然,商业减肥不会直接说,我的方法就是让你少吃多动。这样顾客就不买账了,我自己少吃多动好了,何必花钱让你帮忙。所以,商业减肥需要使用各种名目,绕着弯地让你少吃多动。比如打着"排毒"的幌子,明着说是通过"排毒"来减肥,实际上是让你节食;或者说他们使用了某种特殊的减肥方法,不能吃特定的一些食物,否则会发生"化学反应"——就是想办法让你限制某一类营养素的摄入,比如碳水化合物,通过低碳水化合物饮食的脱水作用让你快速减肥。

还有很多打着中医旗号的商业减肥机构,会告诉你吃某些中药要忌油腻,要求你低脂肪饮食。实际上,低脂饮食本身就能减肥[1,2,3,4],根本不是中药在起作用。包括市面上很多所谓针灸减肥、按摩减肥,都会在针灸和按摩的同时限制你的饮食,给你一份特殊的食谱,或者要求你不能吃某类食物,这样瘦下来,谁能说是针灸或者按摩的作用呢?

想快速瘦下来,其实就是少吃多运动这么简单,人人都知道怎么做。所以,快速减肥,就是最简单的减肥方法。但这种方法,体重很容易快速反弹,而且对身体健康有损,所以也就失去了意义。减肥这件事，真正难的不是快，真正难的是减肥且不反弹，减肥不损害健康，那才算本事。

学术界对成功减肥的定义跟民间不一样。减肥效果如果不能保持，短期减肥根本不算是成功减肥。比如 James Hill 博士和 Rena Wing 博士在 1993 年建立了美国国家体重控制登记中心，这个登记中心建立了一个数据库，目的是搜集减肥成功者的数据进行研究。

我们来看看美国国家体重控制登记中心是怎么定义减肥成功的。该数据库要求，减肥者体重减轻必须要保持至少一年，才能被登记收入数据库。并且，确定录入的成员每年还要再填写一次调查问卷，确保减肥效果得到了良好保持。

从数据库建立，到 2005 年 1 月，这么多年的时间里，美国国家体重控制登记中心只收录了 4643 名成功减肥者的数据。可见，真正成功地减肥是多么困难的一件事。

美国国家反对伪劣健康产品委员会曾经发布的《评价减肥促进产品指南》[5]，对商业减肥服务中不科学不健康的方式进行了"曝光"，其中第一条就是"许诺或者暗示能带来剧烈的、快速的体重下降（每周减肥速度超过总体重的 1%）"。这就是说，假如一个商业减肥机构许诺能快速减肥，那么这种减肥基本上就可以认为是不科学不健康的减肥方法了。

所以说,学术界和权威官方组织,对快速减肥一直持强烈的反对态度。我们大众因为不关注学术界的东西,所以对这一点基本上没有任何认识。反过来说,我们对减肥的概念基本上都是商业减肥机构、媒体和减肥畅销书灌输的。但不管是减肥机构、媒体宣传,还是减肥出版物,往往为了吸引人,为了制造轰动效应,会想尽一切办法让你快速减掉体重,短时间内身材呈现巨大反差。

按照美国国家反对伪劣健康产品委员会的指南,每周减肥速度不能超过总体重的 1%,即一个 70 公斤的人,每周减肥速度就不应该超过 0.7 公斤。实际上,每周减肥速度 0.5~1 公斤,也是大多数学者和权威学术机构建议的健康减肥速度。每周 2 斤,就是健康减肥的上限了 [6, 7, 8, 9]。

比如美国食品药品监督管理局的健康与人类服务部曾提出的健康减体重指导原则就认为,安全健康的减体重计划是每天减少 300~500 千卡热量摄入,每周减体重 0.5~1 公斤。

世界卫生组织推荐的健康减肥速度,也是每周 0.5~1 公斤 [10]。

权威机构建议的健康减体重速度	
机构	健康减体重速度
美国国家反对伪劣健康产品委员会	每周不超过总体重的 1%
美国食品药品监督管理局	每周 0.5~1 公斤
世界卫生组织	每周 0.5~1 公斤

可悲的是我们受到了太多商业减肥宣传,以及各种不负责任的媒体和减肥出版物的"洗脑"。在很多人看来,每周减体重速度低于 1 公斤,太慢了,根本就不算减肥。

快速减肥为什么一定会快速反弹呢?

咱们用最朴素的思路去琢磨一下。快速减肥,无一例外,就是两个方法,要么让你使用极端的饮食,比如过量节食,或者限制碳水化合物这种不平衡的饮食方法来减肥,要么就是让你大量运动。拿节食来说,极端的饮食方法,减体重很快,但是这样的饮食,你又能坚持多久呢?

每天吃得特别少,当然能快速瘦下来;但是能瘦就能胖,饮食恢复之后,吃得多了,不就又胖回去了吗?

而且,我们也往往有这种经验,越是快速减肥,减肥后脂肪反弹得也越快。过度节食,一开始体重掉得快,但到后来,就算

你已经吃得很少了,但是体重却几乎不会再下降了,反而是稍微吃多一点,脂肪马上就会卷土重来。

所以说,任何大量减少饮食量,或者使用极端饮食结构的减肥方法其实都属于"临时减肥""一次性减肥"。原因是,你不

可能一辈子都只吃那么一点，也不可能一辈子不吃碳水化合物（首先你身体就受不了）。所以，你也知道，早晚有一天饮食还是会恢复到过去那样，到那时候，体重必然也会跟着回来。

这就是说，什么"七日水果减肥法""排毒断食减肥法"根本没用，只是让体重玩了一把"过山车"。难道你能吃一辈子水果，或者断食一辈子？

除非有特殊需要，想要临时减轻体重，比如有些运动员要比赛，需要体重达到一定标准，那么可以使用快速减肥；但把快速减肥当成追求健康和美的方法，几乎没有任何意义，而且害多而利少。

为什么减肥越快,反弹越快?

快速减肥,不但没意义,长远看来,也对减肥不利,会让你减肥越来越难。

我有一个朋友前阵子一直在减肥,后来跟我说不敢减了,为什么?因为她发现,自己越减越肥,越减越容易肥。

她使用的就是快速减肥的方法,基本上各种快速减肥方法她都用过,也去过瘦身班,找过减肥门诊。但每次都是短期内迅速减轻体重,减肥结束后,体重迅速反弹,而且都要比以前更胖一点。

没减肥之前,她只是稍微有点胖,经历了两年多的各种快速减肥的折腾,现在她的身材看起来好像浮肿了一样,而且她说她以前不是那么容易吃胖,现在是喝凉水都胖。

为什么快速减肥会导致这样的局面?其实我在第一章里面就提到了。快速减肥,人会丢失大量瘦体重,而瘦体重的丢失,会带来基础代谢率的降低,这会让我们的热量消耗变得越来越少,减肥也会越来越难。

快速减肥,尤其是没有高强度或力量训练的快速减肥,会导致大量瘦体重的丢失。我给大家算一笔账。我们假设,每次快速减肥丢失的体重里,有40%是瘦体重。而减肥后体重反弹,通常只能恢复20%的瘦体重,剩下的20%,就在减肥过程中白白丢失掉,无法恢复了。

也就是说，快速减肥，减掉的瘦体重多，但减肥后体重反弹，反弹的却主要是脂肪，瘦体重较少。这样，一次快速减肥下来，减掉的体重又反弹了，但是，你并不是回到了原点，做了无用功，而是回到了比原点更靠后的地方，做了负功。因为你的身体成分，在这次快速减肥的过程中变得更不利于减肥了——脂肪比例增加，瘦体重比例减少。

经历几次快速减肥，即便体重没有超量反弹，但是身体成分的变化却是非常剧烈的。这是快速减肥导致的，比单纯体重反弹更可怕。

所以，我说过一句话，叫"减肥不减肥，等于负减肥"。减肥如果没有减"肥"，不但等于白忙一场，还对减肥起了反作用。

减肥，其实要做两件事，减一样东西，保一样东西——减脂肪，基本保持瘦体重。

瘦体重的概念上一章介绍过，瘦体重当中，我们最关注的就是肌肉。大家知道肌肉是代谢大户，耗氧量很高。减少1公斤肌肉，基础代谢率一般会降低约70千卡/天；如果丢失3公斤肌肉，那么每天从基础代谢率上，人就要少消耗多于200千卡的热量，这相当于约2碗米饭的热量。也就是说，肌肉少了3公斤，仅从基础代谢率的角度说，就相当于你每天多吃了2碗米饭。

肌肉不但能提高我们的基础代谢率，肌肉多的人，运动或者活动的时候，消耗的热量也要大一些。

所以，如果减肥的时候肌肉减少，那么你就要吃得更少，来弥补肌肉减少带来的热量消耗减少，所以减肥会越来越难。

但瘦体重不仅仅是肌肉，我们同样应该关注内脏的质量。实际上，有数据称，脑、心脏、肝脏、肾脏的代谢率，是肌肉的15~40倍。也就是说，内脏比肌肉平时消耗的热量还多。所以，减肥不要丢失内脏质量，这对保持基础代谢率来说非常重要，更不要说对健康的重要性了。

有人可能觉得奇怪，人的内脏还能丢失？当然可以，因为我们的内脏也主要由蛋白质构成，其中有一部分蛋白质是可以分解利用的。拿肝脏来说，一般就有100克蛋白质可用来在饮食能量不足时分解利用。饮食能量不足，或蛋白质摄入不足的时候，心脏蛋白质甚至也会分解。

减肥的时候什么样的情况会导致内脏质量丢失呢？最主要的就是低热量摄入或低蛋白质摄入。比如有一项拿羊羔做的研究发现，跟不限制饮食热量的对照组相比，限制饮食热量使羊羔能量消耗降低了1/3，肝脏质量丢失引起肝脏的相对能量需要降低了一半左右。一般认为，低蛋白质饮食，可能比低热量饮食更容易导致内脏质量的丢失。

另外，瘦体重对于适应性产热的贡献也非常大。

什么叫适应性产热呢？就是指身体为了保持能量平衡，而对能量消耗进行的调解。我们的身体都希望能够把体重稳定在一个值上，不喜欢体重过于剧烈的波动。所以身体会通过调节产热，来调整热量消耗。饮食不足的时候，降低消耗；饮食过多的时候，增加消耗，目的是稳定体重。

交感神经对调整产热的作用非常重要。交感神经兴奋，人体产热增加，反之产热减少。而交感神经兴奋，则可能会通过骨骼肌，也就是我们的肌肉来发挥产热作用。比如有数据称，交感神经兴奋时，骨骼肌产热耗氧量达到总耗氧增加量的50%以上。所以，除了基础代谢率，骨骼肌在调节适应性产热方面地位也非常重要。

最后，瘦体重比例大的人，还可能通过其他途径来促进减肥或者保持体重。比如，大家知道棕色脂肪对减脂有好处，可以促进产热，增加机体能量消耗。有不少研究都认为，运动可能能促进人类白色脂肪向棕色脂肪转变。这种作用可能跟Irisin有关。Irisin是最近几年才发现的一种激素，能刺激白色脂肪向棕色脂肪转变，增加能量消耗。而运动，准确地说是肌肉收缩，能刺激Irisin的分泌。

Irisin跟肌肉量有关，所以肌肉量大，理论上说对Irisin分泌是有利的。

所以，成功减肥的前提，不但要减少脂肪，还要尽量保住瘦体重。否则，就叫减肥不减"肥"，等于负减肥。减肥丢失瘦体重，会让减肥越来越困难。饮食稍微恢复，减掉的体重就可能主要以脂肪的形式迅速反弹。

NO.3 快速减肥有多危险
——减肥不能以健康为代价

快速减肥，不但对减肥本身不利，更重要的是，快速减肥对健康会造成极大的潜在伤害。从 20 世纪 30 年代开始，一直存在一种叫极低热量饮食的减肥方法。这种方法现在也有，但一般都用在体重严重肥胖的肥胖症患者身上。

这种极低热量饮食，就是用极端限制饮食热量的方法来达到减肥的目的，通常每天的热量摄入要少于 800 千卡，甚至更低。因为吃得非常少，所以这种方法减体重的效果很明显。在这种减肥方法导致出现大量死亡报告之前，它在普通人当中非常流行。

20 世纪 70 年代末，极低热量减肥法的严重后果终于突出表现了出来，当时很多人用明胶和水解胶原蛋白制成的液体蛋白质作为主要的食物，通过极端限制热量的方法快速减肥。有数据称，到 1977 年为止，大约 98000 名美国人有两个月甚至更长时间使用这种减肥法，造成了严重的后果。

1977 至 1978 年间，正在使用或者过去经常使用这种减肥方法的人中有 58 例死亡案例被报道。很多原来很健康的人，在使用这种减肥方法期间，因为心脏组织蛋白质分解引起严重心律失常而死亡。其实这就是我们之前讲到的，极低的热量摄入和蛋白质营养不良，造成了内脏器官的蛋白质分解。

很多研究报告显示，快速减肥会引起健康问题，对健康有

损 [11, 12]。快速减肥对健康的损害是多方面的，我们下面从快速减肥引起女性月经紊乱，和快速减肥对免疫功能的影响两方面来简单说一下。

快速减肥容易导致女性月经紊乱和骨质疏松

就我所知,有非常多的女孩说自己减肥后出现了少经甚至停经的情况。很多女孩减肥,自己也不太懂,乱用各种减肥方法,弄得月经出了问题。说起来,这好像也不是多大的事,很多人不在意,但实际上,女性月经紊乱的后果可能很严重。

快速减肥怎么会导致月经紊乱呢?快速减肥,一般都要求吃得很少,或者吃得很少同时大量运动。一个女生如果吃得太少,运动消耗太多,没有多余的热量和营养孕育后代,身体干脆也不会让她生育。不生育,排卵也就没意义。不排卵,月经也就没了。

过去有一种观点认为,女性体脂率过低,会导致胆固醇水平下降。胆固醇是合成多数性激素的原料。所以,体脂率太低,可

能是导致女性月经紊乱的一个原因。曾经有一个数据，认为女性体脂率低于17%，就可能会出现停经；低于22%，可能不能保证月经规律。但后来的研究发现，很多女运动员，体脂率远低于17%（有的甚至低至11%），仍然有正常的月经。所以现在这种观点一般也不提了。

还有一种观点，认为过量运动是女性月经紊乱的原因，尤其是对于女运动员来说，这叫运动应激假说。比如针对年轻的闭经芭蕾舞演员的观察研究发现，因受伤停止训练后，这些演员虽然体重仍然很低，但月经恢复了。

但是，究竟是过量运动本身引起的运动应激导致了月经紊乱，还是过量运动导致消耗能量太多，能量摄入补充不上，因此导致月经紊乱，一直也说不清。比如在Williams等的研究报告中，让雌性猴子过量运动，但饮食不变，会引起停经。但给其中一半的猴子额外补充饮食，运动量不变的情况下，这些雌性猴子的月经周期又都恢复了。

Loucks等的研究也发现，运动量不变，增加饮食，可以预防或治疗女运动员运动性闭经。

所以现在一般认为，能量摄入不足，最有可能是导致女性月经紊乱，甚至停经的原因。而过度节食，往往是所有快速减肥方法的一个共同特征。比如有一项研究，给健康女性提供两种不同热量的饮食，正常饮食组40千卡/公斤体重，低热量饮食组17千卡/公斤体重。大约5周后，低热量饮食组体重降低了3.2~6.7公斤，组中最瘦的两名女性出现了停止排卵和停经的情况。

饮食热量摄入减少，同时伴有大量运动，更加剧了能量负平衡的程度,这对月经周期可能产生更严重的影响。

这里说的能量摄入不足,主要是指通过脂肪和碳水化合物摄入的能量不足。人通过蛋白质摄入的能量,利用率非常低,所以意义不大。但饮食方面,脂肪摄入量或碳水化合物摄入量过低,跟月经紊乱哪个关系最大,现在还不清楚。有个别观察研究发现,出现运动性月经紊乱的女运动员中,碳水化合物摄入量存在不足。但因为总热量也存在不足,所以不好说是不是碳水化合物摄入不足导致了月经问题。很多动物实验和人体实验也发现,补充糖类有助于预防和改善月经紊乱,但仍可能受到能量总摄入量的干扰。

所以,传说碳水吃得不够,就会月经紊乱,目前证据不足;说脂肪摄入不足导致月经问题,也缺乏明确证据。所以,最好的办法还是均衡饮食,脂肪、碳水都要有,最后还要关注总热量摄入,不要使其过低。

月经紊乱,对健康最直接也最长远的影响,就是骨质疏松。女性月经是否正常,很大程度上反映的是内分泌是否正常,我们都知道这对骨骼健康是有影响的。月经稀少或停经,减弱或消除了雌激素对骨骼的保护作用,别看年纪轻轻,也可能造成骨量减

少，甚至出现骨质疏松症。

很多人可能觉得骨质疏松症都是老年人有的病，年轻人即便停经，骨质疏松还能疏松到哪儿去？实际上不是这样。比如1984年，Barbara Drinkwater就报道了一群闭经年轻女运动员骨密度出现明显下降，她们的腰椎的骨密度居然跟50多岁的女性差不多！某些需要控制体重的体育项目中，年轻女运动员骨密度下降的情况非常普遍，甚至不少已经达到了骨质疏松的程度。

我们可能觉得女运动员运动量很大，月经紊乱，甚至出现骨质疏松，似乎可以理解，普通人不至于吧？但实际上，运动员有大量运动，这一方面因素本来是有利于提高骨密度的。普通女性节食减肥，再加上没有什么运动，出现月经紊乱的话，对骨骼健康的伤害更大。

女性月经紊乱，导致骨质丢失，最要紧的可能还不是在当时，而是以后。停经导致的骨质丢失，一旦丢失了，很难再补回来，至少不可能完全补回来。年轻的时候骨质明显丢失，这辈子骨量水平可能都不理想。将来老了，出现骨质疏松问题的风险就要大得多。

骨质疏松，可不仅仅是腰疼背疼，首先就影响美观，比如容易造成弯腰驼背，身高也缩一大块。

骨质疏松，严重的会导致骨折。比如有数据说，1997至1998年间，上海市区老年女性因为骨质疏松导致骨折的发病率是23.45%，基本4个人里就有一个。从更广泛的数据来看，比如世界卫生组织较新的数据，骨质疏松女性发生骨折的风险是40%，基本上两个有骨质疏松症的女性就有一个会骨折。

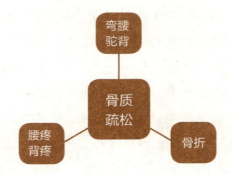

我们可能没这个概念,但对中老年人来说,骨折可是个大事。中老年人本来就缺乏活动,身体很多功能都开始退化,紧运动慢运动都来不及,一骨折,在床上躺几个月,健康很容易出问题。尤其是髋关节骨折,虽然说就是个骨折,但对老年人来说伤害非常大。比如国外的数据,老年人髋关节骨折的死亡率是12%~25%,非常可怕。

当然,针对骨质疏松的治疗手段也有很多。但有效的治疗手段往往副作用也很大。所以,骨骼健康,预防始终是最重要的。

如何预防或者治疗减肥引起的月经紊乱？

预防其实也很简单，就是别玩命减肥。饮食热量摄入不要过少，同时碳水化合物和脂肪都要吃，也都要保证一定量：一般而言，碳水化合物摄入的热量不低于每天总热量的 50%，脂肪不低于 15%。

总热量摄入方面，有的数据认为：女性，（能量摄入 – 运动能量消耗）/ 瘦体重，算出来的值起码要不低于 30 千卡 / 公斤瘦体重，才能保证生殖系统功能和骨骼形成。但这需要知道自己的瘦体重数据，而准确测量瘦体重比较困难。

另外，这个 30 千卡 / 公斤瘦体重的标准，本身也有争议。比如 Schaal 等的研究发现，长期闭经的女性，能量利用率摄入水平能达到 36 千卡 / 公斤瘦体重；而低于 30 千卡 / 公斤瘦体重的女性，也有不少月经周期是正常的。

所以，目前到底应该吃多少才能预防因节食造成的月经紊乱，仍然不清楚，可能也不会有一个适合所有人的数字。所以，我只能建议，减肥的时候，适量节食，不要过度节食。比如每天的饮食热量缺口不建议超过 500 千卡。具体怎么做，在后面的"模块化饮食法"里面会有详细建议。

如果正在减肥的女生出现了月经稀少，甚至停经。首先还是要去医院做检查，排除其他可能导致月经问题的因素。没别的问题，估计就跟减肥有关。

怎么改善呢？最好的办法就是逐步提高饮食热量，保证均衡饮食。同时，出于尽可能保存骨质的考虑，应该短期补钙和补充维生素 D。钙补充量建议 1000 毫克/天，维生素 D 补充量建议 400 国际单位/天。一般来说，月经稀少的恢复起来要比停经的快。但从目前的研究来看，都需要一段时间，有的甚至需要 6 个月以上。所以，预防仍然是最重要的手段。

从单纯保持骨骼健康的角度讲，如果你在减肥，有一定程度的饮食热量限制，那么就应该注意以下几点：

* 最好是做点运动，别光节食。运动本身可以促进骨骼健康，尤其是在减肥的时候。体重减轻，本身就会造成骨质丢失（较轻的体重对骨骼形成更小的压力，会导致骨质丢失，这如同人在失重状态下骨质丢失一样）。所以，运动对减肥期保持骨量非常重要。
* 注意补钙，多吃奶制品，必要的时候使用一些钙补充剂。同时，注意补充维生素D。平时适当多晒太阳。若居住的地方比较靠北，冬季要注意食物中维生素D的补充，甚至可以使用维生素D补充剂。
* 尽量不要大量饮用咖啡，也不要吸烟和大量饮酒。
* 低盐饮食，注意控制钠的摄入量。

快速减肥，可能会毁掉你的免疫功能

下面再说说快速减肥和免疫功能的关系。我们一直强调，不管是瘦身班也好，商业减肥机构也好，快速减肥其实就两招，一个是让你少吃，一个是让你过量运动，两者都有可能引起免疫功能的降低。

我国有一项研究，发现肥胖青少年的减肥速度，如果 12 周降低原体重的 18% 以上，则会对免疫功能产生限制的负面影响。

12 周减轻原体重的 18%，其实这样的减肥速度并不算太快。举例来说，按 80 公斤体重来算，12 周只减轻 14 公斤左右，相当于每周 1.2 公斤。但即便是这个速度，对我们的免疫功能来说，还是太快了。

减肥时过度节食对免疫功能有负面影响，这不用说大家也知道。有很多研究都能说明，过度节食会引起免疫功能降低——吃得太少，营养不良，免疫功能肯定会出问题。

但我们平常的感觉，运动可是个好东西，强身健体还能"治百病"。我小时候还听人说，感冒了，操场上跑 3 圈立马就好。很多人都说，瘦身班每天大量运动，即便是之后无法坚持这么大的运动量，脂肪反弹了，但最起码运动了，锻炼了身体。其实，很可能并不是这么简单。

适量活动,
使免疫力提高

过量运动,
免疫力降低

运动好是好,但再好的东西,也要讲究适量,多了也不行。我们印象中,运动员的身体都没话说,刀枪不入一般。实际上,运动员身体并不好,有些优秀运动员,身体可能还不如普通人。

比如大多数运动员都有不同程度的运动损伤。从国内的数据看,一项针对赛艇和皮划艇运动员的调查报告显示,全部80名运动员里面,存在腰部损伤的就有60个,患病率为75%;另一项对国家队和山东队帆船运动员的损伤调查报告显示,在全部25名运动员中,有18名存在不同类型的伤病,患病率为72%。

当然,我们这一章不谈运动损伤,主要说运动对免疫功能的影响。国内有一项研究发现,赛艇运动员长期训练对免疫功能的影响很明显,运动员组的白细胞总数不足对照组的60%,中性粒细胞数不足对照组的50%,IgG仅有对照组的64%,IgA为对照组的61%,C3为63%。也就是说,从这些免疫指标来看,运动员的抵抗力可真不如普通人。

什么能更直接地反应免疫功能强弱?一般就是上呼吸道感染的发生率。上呼吸道感染(URTI),我们最熟悉的就是感冒,实际上 URTI 还包括急性鼻炎、急性咽炎、急性扁桃体炎等，症状一般就是鼻子和嗓子不舒服。

健康人一般也都携带有导致上呼吸道感染的病毒。通俗来讲，身体好的时候，免疫功能足够强大，这些病毒处于蛰伏状态；营养不足、受凉、过度疲劳等因素导致免疫力降低，这些病毒就可能过度繁殖，导致发病。所以，过度运动导致免疫功能降低，最直接的表现就是 URTI 发病率增加。

根据国外的数据，比如有报道说，50%~70% 的运动员在参加重大比赛后（尤其是力竭性有氧耐力比赛）的两周内会出现 URTI 症状；长跑运动员、大运动量训练者，URTI 的发病率比小运动量训练者高 2~4 倍；4 周大强度训练，42% 的游泳运动员出现了 URTI 症状。

所以，运动是把双刃剑，适量运动有益健康，过度运动有损健康。从免疫功能角度来说，不运动的人，免疫功能不高不低，在中间；适量运动（尤其是有氧运动）的人，免疫功能往上走；而过量运动的人，免疫功能则往下掉。运动，并不都是只有好处没坏处的。

NO.7 快速减肥为什么会伤害免疫功能？

首先，过量运动本身就对免疫功能有损。这方面可能的机制很多，最常说的就是所谓运动后"开窗理论"。这是说，剧烈运动，尤其是力竭性运动（就是运动到不能动了为止）之后，身体免疫功能有一个被明显抑制的阶段，一般是3~72小时。这个阶段，身体对致病病原体的抵御能力很低，好像门户洞开一样，所以叫"开窗理论"。

从营养方面来说，运动会引起糖类物质储量的降低，长时间运动后往往血糖浓度会明显降低，这对免疫功能的发挥也有很大影响。因为，首先血糖是很多免疫细胞（比如淋巴细胞、巨噬细胞）的能量来源，血糖低，免疫细胞就会挨饿，免疫力就要受影响。

后来发现，谷氨酰胺也是免疫细胞的"粮食"。长时间剧烈运动后血浆谷氨酰胺往往也会明显降低，所以这可能也是运动导致免疫抑制的一个因素。长时间运动产生的大量自由基，被认为可能也是运动后免疫抑制的一个因素。

但快速减肥，往往是在过度节食的基础上，安排过量的运动，这就让过量运动对免疫功能的抑制雪上加霜。因为在营养不足的情况下，免疫功能本身就得不到很好的维持，这时候过度运动，对我们的免疫功能几乎是摧毁性的打击。

"过度节食＋过量运动"的快速减肥模式，导致免疫力降低，跟一种激素有关，那就是皮质醇。皮质醇持续过高，对身体有全面的负面影响，主要表现为肌肉萎缩、皮肤、毛发、结缔组织损伤、骨质减少、向心性肥胖、免疫功能下降、糖尿病易感等。

拿皮质醇对脂肪分布的影响来说，皮质醇属于糖皮质激素，是糖皮质激素中最重要的一种（所以我们可以近似地把两者划等号）。我们平时说，这人用激素后胖了，说的就是糖皮质激素。大剂量的糖皮质激素有抗炎、抗毒的作用，但长期使用会让人发胖。主要原因，一方面，糖皮质激素可以导致食欲增加，另外糖皮质激素也可以使内脏脂肪细胞分化、数量增加，导致向心性肥胖，挺个大肚子，很难看。

过度节食，会导致皮质醇分泌增多。因为皮质醇的主要作用就是分解蛋白质，抑制蛋白质合成。皮质醇分解蛋白质，是拿这些蛋白质来糖异生变成糖，使血糖升高。所以皮质醇叫糖皮质激素，因为它的作用是调节糖代谢，用蛋白质生产糖。

所以，过度节食导致低血糖的时候，皮质醇会迅速升高，来促进糖异生作用，稳定血糖。这样，首先会导致我们身体蛋白质的丢失，不利于健康和持续减脂。另外，身体蛋白质的丢失造成的负氮平衡，也会对我们的身体产生不利的影响，不光是导致肌肉分解萎缩，还会累及皮肤和毛发、结缔组织、骨骼。

比如库欣综合征，就是持续性皮质醇过多，引起皮肤变薄，皮下毛细血管变得很明显；肌肉萎缩导致肌无力；骨质疏松导致非损伤性骨折和骨坏死。

因为皮质醇具有拮抗胰岛素的作用，所以持续性皮质醇过高，可能会导致糖尿病，糖尿病人皮质醇过多会使病情进一步加剧。最后,皮质醇还会强烈地抑制免疫反应,过量的皮质醇还会导致身体容易感染。

过量运动对皮质醇也有影响,一般来说,中等强度以上的有氧运动、力量训练都会引起皮质醇水平升高。最主要的因素是运动强度,强度高、时间短,也可能比强度低、时间长更容易引起皮质醇水平升高;产生乳酸越多的运动,越容易引起皮质醇升高反应;过度训练会引起皮质醇持续保持较高水平。

也就是说,运动导致皮质醇分泌增加,一个重要的因素是运动强度。低强度的运动,一般不会导致皮质醇增加,有时可能还有降低皮质醇的作用。

比如有资料称,65%以上最大摄氧量的运动,会明显提高皮质醇水平；42%最大摄氧量的运动进行60分钟，血液皮质醇水平反而降低至运动前的70%（但也有研究认为，跟24小时平均皮质醇水平相比，低强度运动也会升高皮质醇水平）。所以，中等强度以上的运动，不管是有氧运动还是力量训练，都会迅速增高皮质醇的水平。当然，同样强度的运动，运动时间越长，皮质醇水平增高幅度往往越大。

一般来说，会造成大量乳酸产生的运动，会明显刺激皮质醇水平提高。我们知道，肌肉泵感是肌乳酸浓度迅速提高引起的，所以，肌肉泵感越强，越容易引起皮质醇水平升高。比如短组间休息相对低负荷的健美训练，就比长组间休息相对高负荷的肌肉力量训练更容易引起皮质醇分泌的增加。

运动时间越长，运动后皮质醇水平降低得也越慢。有数据说，超长时间运动后血浆皮质醇恢复到正常水平，需要18~24小时。

所以，快速减肥时做过量的中等强度以上的运动，很容易造成皮质醇水平的明显升高。这对身体健康，尤其是免疫功能极其不利。更不要说，很多快速减肥，是在过度节食的基础上做过量的运动，这样对免疫功能会产生双重的打击。

NO.8 如何预防快速减肥导致的免疫力降低？

讲到预防方面，首先一点就是避免一切快速减肥，使用健康的、慢速的、持续的方法取而代之。具体的预防手段主要包括以下几点。

1. 避免过度节食，同时适量运动。

首先不要过度节食，具体做法见本书第5、6章"模块化饮食法"。另外，运动别过量。运动减肥者，没必要搭上身体健康去玩命运动。但怎么运动算适量，怎么运动算过量，这是因人而异的，没有统一的标准。身体耐受能量强的，跑一小时没事，耐受能力差的人可能就要生病。

所以我只能笼统地给大家一点建议。一般来说，低强度运动问题都不大，比如快步走等。中高强度有氧运动，建议每次最多不超过120分钟。实际上，普通人，以保健为目的话，一天有氧运动30分钟左右就足够了，运动得多了，也不一定有更多好处，反而可能伤身体。以减肥为目的的运动也一样，不要太过，一般每天60分钟左右就可以了，毕竟减肥不是心急的事情。

力量训练同样要适量，但这方面没有多少现成的数据可以参考。从经验来讲，一次力量训练课，总训练组数如果超过35~40组，可能就有点多了。

具体到每个人，大家可以根据自己的情况来。首先，一次运动不要过于疲劳，别运动完跟扒层皮似的；其次，运动后稍感疲劳是正常的，但疲劳感持续到第二天，可能就有点过量了。当然，前提是有充足的睡眠和休息。

另外，运动后如果经常出现URTI症状，那么运动量可能应该降低。已经出现URTI的，比如感冒了，千万不要继续做高强度运动了，应该完全恢复后再运动。感冒期间，最多只能进行低强度的适量活动。所谓跑步能治感冒，这纯属于拿自己的身体开玩笑。

2. 控制心理应激。

心理应激，简单说就是情绪紧张、焦虑。运动员这个问题比较突出，尤其在比赛前。心理应激，本身也会对免疫功能产生抑制作用。运动应激加上心理应激，造成的运动免疫损伤可能更明显。所以，运动时保持一个放松的情绪很重要。

可能大多数人在这方面不存在问题，只是有些减肥的朋友，减肥心理迫切，甚至出现与此相关的焦虑情绪，这时候必须注意自我调节。不管是运动时，还是运动外，都尽可能降低心理压力，保持轻松愉快的情绪。

有一种心理问题叫"训练恐惧症"，非常少见，但也偶尔有个案报告。表现在运动的时候，有恐惧和紧张的心理，害怕不能完成规定的运动计划，害怕运动效果不理想，抵触进健身房等。如果有这种情况，还是要想办法调节，否则有可能加重运动对免疫功能的抑制。

3. 进行营养干预。

营养干预对预防快速减肥引起的免疫抑制有很重要的作用。有好处的营养物质主要是糖类。这东西，经常运动的人一定要注意摄入足够。另外，还有一种东西，经常运动的人不要吃太多，那就是脂肪。高脂肪饮食可能对免疫功能有一定抑制作用。

糖类，就是我们饮食中的碳水化合物，主要是主食、水果、薯类、豆类等。前面说了，低血糖对免疫功能是有损的，所以首先不要过度节食，这其实已经是健康减肥最基本的要求了。

防止运动对免疫功能的抑制方面，有足够糖类也非常关键。这方面的研究很多，运动前、中、后补糖的作用基本得到了肯定。怎么补？我们重点说一下。

首先，普通运动减肥者，中等强度以下的运动，或时间过短的中高强度以上的运动，一般可以不用考虑补糖的问题。

长时间中高强度、高强度运动或力量训练的前中后（注意这个"长时间"，一般认为是60~120分钟。但也不要教条，我个人建议，还是应该根据个人的疲劳程度来衡量。如果这种运动让你觉得非常吃力，训练后也比较疲劳，对你来说，运动量可能就比较大了），应该考虑补糖。

一般来说，运动前，起码不要饿肚子，运动前4~6小时内有进食行为，并且饮食中包含足量的碳水化合物。如果运动前要补糖，建议提前 1~2 小时，适量吃一些消化慢的主食，比如薯类或者粗粮。长时间中高强度以上的有氧运动中，补糖就比不补强。典型的方法是每小时补充 600~1200 毫升浓度 5%~8% 的含糖饮料。具体的量需要根据运动强度、温度、出汗量做一些调整。力量训练中补糖不补糖的问题，现在也没有特别明确的结论。综合利弊来说，可能补充一些更有好处，但补充量可以比有氧运动中的补糖量减少一些（比如减少一半）。

再次强调，如果运动时间比较短，疲劳感不强，则不必考虑补糖问题。

运动后，这是补糖最重要的阶段，很多人运动后不敢吃东西，怕胖，其实足量运动后吃东西，只要不吃油大的，或者吃得不是特别多，一般来说并不容易发胖。因为运动后的一餐中很多食物是用来补充运动消耗的。

运动后建议正常饮食，而且运动后越早吃越好，这样可以在身体最需要营养、恢复能量储备和维持免疫功能时提供营养。运动后的食物，主食方面建议选择比较好消化的，比如白面包、米饭等；同时，应该补充足量的低脂肪蛋白质，比如鸡蛋清、纯瘦牛肉、鸡胸肉等。

NO.9 只有慢减肥才是真减肥

我减肥课上的一个学生小余,是名医生。他从 2015 年 6 月开始减肥,当时的体重是 120 公斤。

很多人也是大概从这个体重开始减肥的,不管是进瘦身班,还是参与各种商业减肥机构,因为体重基数大,往往一开始都瘦得很明显,一个月瘦几十斤。但之后几乎无一例外,都反弹了。

但小余减肥并没有走快速减肥这条路子,他从来没有过度节食,从一开始,就使用高蛋白、足量碳水化合物、低脂肪、低添加糖的饮食结构来减肥,热量缺口不大,体重和体脂率缓慢地稳步下降。

2016 年 4 月,小余开始使用我的"模块化饮食法",吃的比以前明显多,但体重仍然继续下降。到 2016 年 8 月,小余的体重从 120 公斤下降到 90 公斤左右。

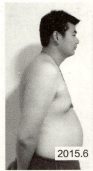
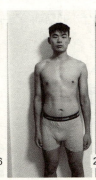

一年多的时间，小余减掉 30 多公斤，因为减肥速度慢，所以非常稳定，没有出现体重反弹的情况。现在小余一直在使用模块化饮食法，并不需要挨饿，配合一定量有氧运动和力量训练，体重保持得很好。小余花了 1 年多的时间，从一个"胖子"彻彻底底瘦下来，这个过程虽然显得有些长，但非常值得。我们反过来想，有多少人在快速减肥和快速反弹的泥沼中挣扎了一年又一年，多少年后肉仍然没有减掉。

这本书，就是教你怎么有效、健康、持续不反弹地慢减肥。只有慢减肥，才是真正的减肥。

参考文献

[1] Cho YA, Shin A, Kim J. Dietary patterns are associated with body mass index in a Korean population[J].J Am Diet Assoc, 2011, 111(8):1182-1186.

[2] Howarth NC, et al. Dietary fiber and fat are associated with excess weight in young and middle-aged US adults[J]. J Am Diet Assoc, 2005, 105(9):1365-1372.

[3] Denova-Gutiérrez E, et al. Dietary patterns are associated Research Progress on Relationship Between Dietary Fat Intake and Chronic Disease with different indexes of adiposity and obesity in an urban Mexican population[J]. J Nutr, 2011, 141(5):921-927.

[4] Donahoo W, et al. Dietary fat increases energy intake across the range of typical consumption in the United States[J]. Obesity (Silver Spring), 2008, 16(1):64-69.

[5] 范志红译. 减肥与体重控制[M]. 北京: 中国轻工业出版社, 2005.

[6] Dolan E, O'Connor H, McGoldrick A, et al.Nutritional, lifestyle, and weight control practices of professional jockeys[J]. J Sports Sci, 2011, 29(8):791-799.

[7] BrantleyP, Appel L, Hollis J, et al. Design considerations and rationale of a multi-center trial to sustain weight loss: the Weight Los Maintenance Trial[J]. Clin Trials, 2008, 5(5):546-556.

[8] Syed M, Rosati C, Torosoff MT, et al.The impact of weight loss on cardiac structure and function in obese patients[J]. Obes Surg, 2009, 19(1):36-40.

[9] Wamsteker EW, Geenen R, Zelissen PM, et al. Unrealistic weight-loss goals amongobese patients are associated with age and causal attributions[J].J Am Diet Assoc, 2009, 109(11):1903-1908.

[10] Hopps E, Caimi G. Exercise in obesitymanagement[J]. J Sports Med Phys Fitness, 2011, 51(2):275-282.

[11] Flegal KM, Graubard BI, Williamson DF, et al.

Reverse causation and illness-related weight los in obervational studies of bodyweight and mortality[J]. Am J Epidemiol, 2011, 173(1):1-9.

[12] Crawford SO, Ambrose MS, Hoogeven RC, et al. Association of lactate with blood pressure before and after rapid weight loss[J]. Am J Hypertens, 2008, 21(12):1337-1342.

全世界都在忽悠你——
减肥知识我该信谁？

第 3 章

|章|首|故|事|

微信减肥内容正确率不到1%

2015我和某网络公众号一起，对191篇涉及减肥主题的微信公众号文章做了评价。统计结果显示，这191篇减肥文章，内容基本正确的不到1%！绝大多数公众号文章里都有大量的伪科学内容，或者存在不严谨、带有误导性的观点，甚至有些公众号文章的内容是彻头彻尾的伪科学。

纸质出版物和电视媒体同样存在这种情况，比如各种减肥畅销类读物，甚至是销售量很高的打榜书，里面的内容也是良莠不齐。多数这类出版物为了吸引人，会片面夸大减肥某一方面的因素，对读者产生严重的误导。

比如阿特金斯饮食法。他的书销售量超过1000万册，可以说在全世界范围内有比较广泛的影响。但并不是书卖得好，内容就一定可靠。科普读物的读者是弱势群体，并没有多少鉴别内容真伪的能力，很多时候被书的内容牵着鼻子走。阿特金斯饮食法的"成功"，其实因为它符合一种很典型的减肥伪科学模式。

电视媒体在这方面也扮演着不怎么光彩的角色。就在我撰写本章内容的时候，央视某频道的某档减肥节目就又打着"科学"的旗号在宣传不严谨的、带有严重误导性的减肥观点。

我一直指导大众减肥，所以在这方面深有体会。2016年初，我跟随指导过一名健美运动员进行备赛饮食。他之所以让我印象深刻，是因为他曾经是一个厌食症患者。

包括健美在内，有不少要求形体美观的体育项目运动员，都容易遭到厌食症的威胁。因为很多这类人群都有过度的不健康的减肥经历。健美运动属于小众体育项目，在体育界其实并没有受到足够的重视，所以很多健美运动员，甚至是高水平健美运动员，在营养方面也缺乏专业的指导，往往是自己给自己当营养师，他们的营养学知识，很多都来自于网络。

2016年小刚（化名）参加比赛的时候是74公斤多一些，肌肉丰满结实，身材也很匀称。但他在患厌食症的时候，体重最低甚至达到41公斤左右。我们平时可能没有接触过厌食症患者，没有直观的印象，但形容一个人瘦，我们常说"皮包骨"，厌食症患者看起来真的就是肉皮包着骨头。

小刚之前是健美爱好者，在饮食方面，因为找不到专业的指导，只能通过网络媒体找一些相关的东西来看。有阵子他就在网上迷上了一种低蛋白低热量脱脂的减肥方法。就是通过高蛋白低蛋白循环饮食来减重。这种方法普通人使用都不合适，而运动员平时有大量运动训练，使用时风险就更大了。

但因为这种方法简单粗暴，而且体重降得很快，所以非常有市场。小刚使用的方法，其实就是一套食谱，不管你的身高体重，一律提供同样的高蛋白和低蛋白循环饮食，并且饮食热量非常低。

小刚在使用这套方法后体重减轻很明显，这让他对此套食谱深信不疑。实际上这种体重降低并不奇怪，说白了主要就是靠挨饿。另外，低热量加上低蛋白质摄入，会更明显地丢失身体蛋白质，导致水分丢失，体重下降。

从此以后，小刚一发现体重稍微有所增长，就会马上使用低蛋白低热量饮食，把体重降下来，慢慢地走入一个恶性循环之中。不健康的饮食，加上他对体形的过分关注，最终导致他患上了厌食症和中度抑郁症。

好在经过治疗，小刚摆脱了厌食症，恢复了训练，最后还能参加比赛，不管成绩如何也算非常了不起了。他说他厌食症那阵子，爸爸每天早上一定要等到看见他起床了，才放心去上班，因为真怕他早上就这么起不来了。所以，厌食症的经历给他留下了难以磨灭的可怕记忆。

减肥，为什么全世界都在忽悠你？

在讲这一节内容之前，我们先思考一个问题——减肥到底困难还是简单？

如果说减肥难，那为什么有那么多减肥方法，都说减肥很容易——只要用我的方法就能轻松、快速、不反弹地减肥；如果说简单，那为什么肥胖仍然是世界性的难题？为什么还有那么多大胖子？为什么那些明星、名模也在为减肥发愁？

很多人觉得，减肥有捷径，只是我们不知道，而明星、名模都知道，所以人家身材才控制得那么好呀！实际上，他们减肥没什么秘诀，跟我们一样费劲。

很多人觉得，减肥肯定有一条神秘的途径，可以让人舒舒服服、快快乐乐地迅速减肥。实际上，哪有这种好事。明星可能穿得比我们好，住得比我们好，但有一条，他们跟我们一样——想减肥，也要受罪。他们减肥，尤其是快速减肥，不是靠饿，就是靠药。

光靠饿减肥，肯定不健康。巴西名模安娜就是给"饿死"的，174厘米，当时体重据说只有40公斤。这方面还有很多轶闻，克里斯蒂安拍《机械师》，马特戴蒙拍《生死豪情》，突然间五大三粗的人瘦得跟僵尸一样。他们自己承认，瘦成这样就是靠饿。

经常有杂志说，看到某明星挨饿。比如目击帕利斯·希尔顿在餐厅吃饭，2小时什么都没吃光喝矿泉水。好莱坞还有很多明星教练也喜欢出来爆料（比如冈纳·皮特森），说某某女星为了减肥疯狂挨饿。或许这其中有夸大的成分，但影视明星为了苗条，挨饿肯定是少不了的。在减肥这件事上，我们跟他们特别平等。

还有很多明星减肥喜欢吃药，被提到最多的可能就是Adderall。有些明星自己承认吃这东西，有些据说是警方办案时在明星身上搜到的。这些消息真假不论，但Adderall确实是一种经常被当成减肥药滥用的药物。

这种药实际上是治疗儿童多动症的，属于安非他命盐复合剂。它对减肥来说，有两个有利作用，一个是能抑制食欲，再一个可以兴奋神经，具有拟交感的作用，这样可以增加人的基础热消耗。但这种东西副作用很大，长期使用会成瘾，还有一些副作用比如头疼、忧虑、失眠、恶心、头晕等。这种药还可能诱发心血管疾病和精神疾病。吃这种药减肥，不用说，肯定不健康。

说了半天，之前的问题大家有答案了吗？

减肥很难，没有捷径。如果减肥真的像网上、电视上、畅销书上说的那么简单，世界上就没有那么多胖子了，明星、名模，甚至政界要人也就不需要为减肥问题发愁了。

所以，如果你想要减肥，首先要做的一件事，就是鉴别众多减肥知识的真伪。

在这个信息爆炸的时代，筛选信息是非常重要的。如果你选择了正确的减肥知识，你相当于直接向目标走去，不管快慢，你是一步步向着目标前进！但如果你选择了错误的减肥知识，你不仅仅是停滞不前，起不到减肥的作用，而且会离减肥这个目标越来越远。

减肥真科学　减肥伪科学

这一章的题目叫"全世界都在忽悠你——减肥知识我该信谁？"也就是说，减肥这件事，你看到的东西可能都是假的。有人说，太夸张了吧？怎么可能全世界都在忽悠你，就没人说真话了吗？

实际情况可能真的是这样。就好像章首故事里我对微信公众号减肥文章的评价，完全正确率还不到1%，这个数据本身就能说明一些问题。

但有些人想不通，为什么人家要忽悠人，要骗人呢？为什么假话、伪科学还能有这么大的市场呢？

我再给大家讲个故事，同样是发生在我身边的事。

我有一个减肥班的学生，是个健身教练。他做教练，最初也是一腔热情，希望能在健身减肥方面，把自己学到的科学知识传授给别人，帮助别人。但是当他成为健身教练之后，发现事情根本不像他想的那么简单。

有一次，有个会员问他减肥吃点左旋肉碱有没有用？他说从现在的实验效果来看基本没用。会员又问，那有个叫共轭亚油酸的药有没有用？他说这东西不是药，虽然宣传不错，但实际上也没有什么明确的作用。会员脸色不太好看，又问绿茶粉总有用吧？他回答说也没用。

最后这个会员不高兴了，说这也没用那也没用，你到底懂不懂，你算什么教练？！转身就走了。后来听说，这个会员又找另外一个教练问自己该吃点什么减肥补剂帮着减肥，那个教练给会员推荐了一大堆。会员花了不少钱，但心里很满意，又不用挨饿又能减肥，太好了。

其实，左旋肉碱、共轭亚油酸、绿茶粉，这三种东西对减肥来说确实没有什么明确的作用。拿绿茶粉来说，能证明其有减肥效果的实验非常有限，绝大多数实验说明这东西并没有减肥的作用；而且绿茶粉即便能起作用，往往还要配合运动，或者配合咖啡因使用。众多实验综合评价，左旋肉碱、共轭亚油酸的效果就更不明确了。

不管怎么样，想不挨饿、不运动，靠减肥补剂来减肥，目前来看根本不可能。我们都说要科学减肥，相信科学，可是如果真的用科学的态度来回答那位会员的问题，答案的确就是两个字——"没用"。

在减肥方面，科学严谨的答案往往会让你失望。想减肥怎么办？只有严格地控制饮食再配合运动一条途径，也就是我们说的"管住嘴，迈开腿"。相信科学的话，减肥确实无捷径可走。

有人问，那科学减肥还有什么用？科学减肥不是告诉你减肥怎么偷奸取巧走捷径，科学减肥是告诉你，怎么合理地、不损害健康地管住嘴和迈开腿。

所以，科学减肥很现实，能做到就是能做到，做不到就是做不到。减肥伪科学有点像童话，一般会告诉你只要吃一种东西，每天大吃二喝窝在沙发里人也能瘦，或者做一种简单的运动一个月就可以获得健身明星一样的身材，一切一切仿佛都是那么美好。

如果能选择童话，没有人喜欢现实。这就是减肥伪科学受欢迎的原因。减肥伪科学之所以要说假话，就是因为我们不喜欢听真话，假话更符合我们对减肥的幻想，给我们走捷径的希望。大众当然更愿意相信一种东西吃了就能瘦，而真实的科学事实往往只会让希望破灭。

科学的世界里，很多事情做不到；伪科学的世界里，只有想不到，没有做不到的。科学和伪科学哪个更吸引人，答案是显而易见的。当然，伪科学减肥，虽然听起来美好，但是没用。科学减肥虽然很现实，不那么美好，但是想真正减肥，最后还是要依靠科学。

科学严谨地说，很多东西我们还不知道。但伪科学可以随便编造，不需要严谨的实验证据，所以科学不知道的东西，伪科学都知道。一个说不知道，一个说知道，好像后者更有本事。实际上这不是本事，是无知无畏。

我给大家讲一个我自己家里的事。我爸爸有一阵子很胖，后来查出了糖尿病和高血脂。他想减肥，让我帮他做一个食谱。

因为他有糖尿病，血脂还高，饮食方面要考虑减肥，考虑降糖，还要考虑降血脂，所以很复杂。我给他的食谱，写了满满 5 页纸，该吃什么、怎么吃、吃多少，都做了非常详细的说明，后面还建议了他该怎么运动。

过了半个月，我给他打电话，问他食谱用了没有，效果怎么样。他说没用我的食谱，太复杂了，他连看都懒得看。他现在正在使用外面一个减肥门诊开的食谱，可简单了，每天就吃那么几样东西，虽然饿得厉害，但现在已经减了六七斤了，很有效果！

这种情况，我知道怎么劝也没用，只好由他去。

我爸爸用减肥门诊开的食谱吃了一段时间，体重降下来之后就恢复了饮食，一点也不意外，体重又回去了。于是他只好继续照着食谱吃，就这么来来回回折腾了一年多，最终体重还是老样子，一点也没瘦。但是之前本来骨骼挺健康，结果一查，成了重度骨质疏松。

现在，我爸爸在用我的饮食计划和运动计划。他不爱用，但是没办法。我给他的减肥饮食计划虽然复杂，但是管用。体重减下去之后，也不容易反弹，保持很容易，他的身体其他各项健康指标也在好转。

有人说，科学的东西就一定要很复杂吗？科学那么发达，就不能弄得简单点吗？目前真的做不到。因为人体太复杂了。我们人体不像机器，一台机器出了问题，更换标准的零件可能就好了。人体可不一样。我们每个人虽然看起来差不多，但是身体里面的生理生化环境却是千差万别，一个人一个样。

最起码，每个人的身高、体重、性别、年龄不一样，工作性质、生活习惯、运动习惯不一样，这样每个人每天的热量消耗差别就很大。所以在制订减肥计划的时候，就要根据每个人的运动消耗来确定他的热量摄入。

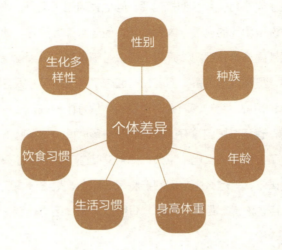

而很多减肥方法不希望弄得这么麻烦,否则使用者会不买账,所以最好的方法是用一份简单的食谱来给所有人使用。但有些人每天热量消耗很大,有些人热量消耗很小。所以这份食谱想要相对于大多数人来说热量都很低,就需要按照热量消耗很低的人的标准来设计,尽可能的低。

所以,我们市面上能看到的减肥食谱,热量普遍都非常低,有的甚至远低于健康人每日热量摄入的下限。而热量摄入过分降低,造成的问题就是使用者容易营养不良。即便不考虑这种情况,过低的热量摄入,过快的减肥速度,会损失太多瘦体重。之后恢复饮食,脂肪也会快速反弹,对减肥来说没有任何意义,反而起到相反的作用。

一份食谱给所有人用,不分身高、体重、性别、年龄、工作性质、生活习惯、运动习惯,这就是伪科学。但是如果减肥食谱都需要先计算热量消耗,那么很多人又会嫌麻烦不愿意用。所以,要说投人所好，伪科学当然更有优势。

其实我们想一下，你去买衣服，同样一件衣服，要分成各种不同的尺码；你去配眼镜，要先给你验光，看看你多少度；你去做理财，也要根据你的收入，分配好储蓄和消费。怎么到了减肥这里，一种东西就能适合所有人呢？

以前有个人听说喝咖啡能减肥，就想试试。但是他心脏不太好，问了医生，医生说咖啡因要限量。他就问我一杯咖啡里有多少咖啡因。这个问题我没法回答，不同的原料产地、不同的方法制作出来的咖啡，咖啡因含量差别很大。市面上不同品牌的咖啡，咖啡因含量相差几倍都很正常。所以，因为情况太复杂，我给他任何简单的信息都是不负责任的，所以我只能建议他不要喝咖啡，放弃咖啡因带来的一点点可能的减肥的好处。

但是他认准咖啡能减肥，我这里问不出来，就去网上查，看网上说一杯咖啡的咖啡因是 50 毫克。他很高兴，放心喝咖啡，结果那段时间失眠，还出现了严重的心律不齐。最后他将咖啡减量，不行，完全不喝咖啡，还是不行，然后吃了一段时间的药才慢慢好转。

仅仅一杯咖啡的问题就如此复杂，更何况想要科学减肥，想要减肥不反弹，想要减肥不出事，更不是一件简单的事。科学严谨的观点，往往都要因人而异，要依情况而定，所以必然会相对复杂一些。但这一点，又是大众最不喜欢的。

大众喜欢简单粗暴，非黑即白。好像大灰狼和小白兔，前者就是坏蛋，坏得不能再坏；后者就是好人，好得不能再好。但是这样的情况，仍然只有童话中才会出现。现实中，大多数东西既有好的一面,也有坏的一面,就看我们怎样辩证地利用它。比如任何食物,在减肥的过程中都不能算绝对的"好食物"或者"坏食物",就看我们怎么吃,吃多少。减肥,绝对不能吃肥肉吗?当然不是,并不是说减肥的时候吃一口肥肉,减肥就前功尽弃了。只不过是说,减肥的时候肥肉应该少吃,最好不吃。这就是一种开放的观点,需要根据自己的情况去拿捏分寸。

而减肥伪科学,最喜欢把复杂的问题简单化、极端化,把食物分成好食物和坏食物,好食物吃多少都不怕,坏食物一丁点也不能碰。这种思维方式最符合大众的胃口,但是非常不科学。

说到这里,我们应该知道——为什么减肥,全世界都在忽悠你;为什么减肥,伪科学揣着明白装糊涂。

不管网络媒体、畅销书还是电视媒体,做出东西来一定希望吸引更多的人来看,因为在这个时代,注意力就是金钱。想要吸引人,科学严谨的现实,绝对比不上夸夸其谈的伪科学童话。在这个时代,做减肥科普,说真话是需要勇气的。

一篇网络文章,题目叫"健康减肥,每天运动半小时,配合少吃,一个月瘦 5 斤"。这个观点对吗?很对,很科学,减肥就是要这样,而且这个减肥速度也很健康。可是这样的一篇文章,谁也不会看。因为网上有太多类似"每天运动 5 分钟,一个月瘦 15 斤"这样的文章。

伪科学想要脱颖而出,甚至伪科学和伪科学之间竞争也很激烈。"每天运动 5 分钟,一个月瘦 15 斤"这样的文章多了,也没人看了。于是另外一篇同样类型的网络文章想要吸引眼球,就必须说得更夸张——"每天运动 1 分钟,一个月瘦 20 斤"。只有这样,才能在茫茫的信息海洋里"闪光",让阅读者在"百忙之中"点击阅读。

科学家想证明吃西红柿能预防前列腺疾病,光做流行病学实验就要做十几年,才敢说"可能有效",给出一定的有效概率。但这种严谨的东西,对我们来说好像挠痒痒,根本没有吸引力。

但在网上,随便找个闲散青年,敲几下键盘,几秒钟就能制造出一条爆炸性新闻:"每天一个西红柿,永远不得前列腺病。"老百姓还买账,特别愿意看。

在这种大环境下,谁还愿意说真话,谁还愿意宣传真科学呢?

就是这样,减肥伪科学被大环境"逼"得越来越夸张,越来越不靠谱,来换取视觉冲击力和关注度。观点越激进、越夸张、越邪乎,才越能吸引人。科学严谨的东西根本没有市场。

NO. 2 减肥,为什么好骗?

很多人想不通,说既然网上很多东西都是伪科学,难道没人发现这些假知识没用吗?为什么人们还会相信这些东西呢?

减肥,或者营养减肥领域,骗子特别多。原因很简单。我给大家打个比方。比如有人说,耗子药能延年益寿,谁也不会上当。为什么?这东西一吃就死人,大家都有眼睛,一看就明白。但假如有人说,绿豆能延年益寿,包治百病,就有人会信。

绿豆跟耗子药相比有什么不同?它治不好病,也吃不死人。你说它没用,但有些人就觉得自己一身毛病是绿豆吃好的,你也没法证明人家说的不对。比如有人感冒了,不吃药吃绿豆,我们知道感冒是能自愈的,一个星期左右就好了。病好了,很多人没有意识到是身体自愈机制在起作用,只会觉得绿豆真神。

药,能不能治病,有没有副作用,吃几次基本上就知道了。营养干预,有时候需要几年甚至十几年,才能看出效果或者副作用。于是,虽然谁都没法立刻断定某种营养素一定有用,但也没法一时三刻证明它没用,所以好骗。

减肥领域也一样。前段时间我在网上看到一个所谓"鸡蛋减肥法"。给了一个食谱,里面有不少鸡蛋,但没有碳水化合物,不让吃主食、水果等食物,整体热量小得可怜。

这个"鸡蛋减肥法",明眼人一看就知道,就是低碳水化合物低热量减肥法。这种减肥方法即便有效,也无非是换个花样让你少吃,并且限制碳水化合物让你降体重,跟鸡蛋根本没关系。过两天网上有人把鸡蛋换成鸭蛋,也能培养一群"鸭蛋减肥法"的狂热信徒。

过去某权威营养学家开玩笑,说可以发明一种"黄豆减肥法",把一口袋黄豆倒在地上,让胖子一颗一颗捡起来,这样过阵子肯定就瘦了。其实这种方法可能真的有效,但跟黄豆有关系吗?完全没关系,只是拣黄豆相当于让你运动了而已。

减肥领域很容易骗,主要原因有四个。

第一,绝大多数人只相信体重,认为减肥就是降体重,只要体重掉下来,就认为减肥成功了。这样,很多减肥伪科学就从减体重上做文章,想办法让你快速丢失体重。

快速降体重的方法很多,脱水是最好的办法。脱水的方法中,低碳水化合物饮食最好使,所以很多减肥法都说减肥应该低碳水饮食,就是这个原因。甚至有些减肥法,打着"热疗减肥"的幌子让人蒸桑拿,大量出汗脱水掉体重,竟然还有人以为减肥效果很好!

第二个原因,短期减肥很简单,只要让人少吃就行。所以这就容易让各种减肥方法钻空子。我不直接说让你少吃,而是换着花样让你少吃，比如"过午不食"。中午以后就不吃东西了，一天 24 小时，能吃东西的时间只有五六个小时，谁也不可能在这五六个小时内吃完一天的食物，所以"过午不食"就可以让人不知不觉地少吃以达到减体重的目的。

还有些减肥法，让你吃一种东西，然后说吃了这种东西，就不允许你吃肉吃粮食了，否则会有"化学反应"。其实，让你吃的东西，本身对减肥没意义，真正起到减体重作用的，只是不吃肉不吃粮食而已。

很多人相信针灸减肥，或者拔罐减肥。我问过很多针灸减肥和拔罐减肥的亲历者，减肥效果如何？很多都说有效果。我又问，除了给你针灸和拔罐，有没有在饮食上要求什么？目前为止，所有做过这类减肥的人都说，给了食谱，让吃得很少。还有的要求清淡饮食，不能吃肉、不能吃油、每餐不能吃饱。

我最后问，如果不针灸不拔罐，仅仅按这个食谱吃，是不是也能减体重呢？有些人就不说话了。

第三个原因，减肥，很多人只关注短期效果，甚至快速降低体重的效果，但很少有人把体重保持作为减肥成功的关键衡量条件。大多数人，看到体重下来了，就认为，我减肥已经成功了！即便这个体重下降真的就是脂肪减少，但还是很少有人能意识到，真正的减肥成功是体重降下来之后能保持住。

减掉脂肪只是减肥的开始，并不是结束。减掉脂肪不能保持，那根本不叫减肥。

1 月份减肥一个月，脂肪减少 8 斤，是减肥成功了吗？不是。因为如果 2 月份一个月脂肪反弹了 8 斤，等于什么都没做。你仅仅是短时间瘦了那么一下子而已。

但是很多人意识不到这个问题,他们发现,一种减肥方法让自己瘦下来了,就说这种方法真的有用。后来反弹了,他们只会怪自己没有坚持。但是你想想,诸如"苹果减肥"这种方法,可能坚持一辈子吗?

一种不能长期坚持使用的减肥方法,本身就不是合格的减肥方法,因为根本没有做防止体重反弹这方面的考虑。

第四个原因就是科学发展的限制。医学、运动医学、营养学,我们觉得都很发达了,实际上因为人体太复杂,很多最基本的东西学术界还弄不清楚,或者还存在很大的争议。比如,人体怎么精确地调节热量平衡;为什么有些人怎么吃都不胖,有些人一吃就胖。又比如,关于哪种运动减肥效果最好,目前学术界也仍然有争议。

科学不知道或者有争议的领域,就给伪科学可乘之机,反正科学也没办法出来"占领阵地"。比如什么运动最减肥这个话题,目前学术界还没有最终的结论。如果用科学严谨的态度来回答这个问题,那么只能首先承认,任何运动都有助于减肥。如果一定要给出具体建议的话,则对于男性来说,可能更适合力量训练或 HIIT 这类强度较高、强调运动后消耗的运动;对于女性来说,中等强度的持续性有氧运动可能更适合一些。虽然说这种建议,也是有相当多的实验研究支持的,但是在没有绝对足够和明确的证据之前,所有的观点都只能强调"可能"。

为什么要强调"可能"?因为证明 HIIT 更有减肥效率的实验有,但证明 HIIT 没有明显优势的实验也有。这是直接的证据,间接的证据就更多更复杂了。甚至有个别实验能提供片面的、间接的证据,证明步行可能是最有利于减肥的。

但是个别实验终究是个别的,间接证据终究是间接的,所以学术界和本书都不建议仅仅用步行来减肥。而伪科学不管这一套,因为伪科学知道,大众不区分什么"个别研究",不区分"直接证据"和"间接证据",他们只要看到一个冠以"实验"字样的东西就会肃然起敬,认为最终的结论一定是真理了。

于是,很多伪科学缔造者就专门抓住一些个别的、设计有缺陷的研究来说事儿,把一两个犄角旮旯的小实验得出的极端结论放大,最后导出极端的、"骇人听闻"的,或所谓"颠覆性"的结论。这类结论因为不严谨,很极端,当然更吸引人。

伪科学还振振有词,说你看我有实验依据。其实大众不知道,在医学界、营养学界、运动医学界,一个结论公认的明确,往往需要成百上千例的实验证据,一两个实验根本微不足道,不能说明什么。

以上原因导致减肥领域伪科学横行无阻,而我们还浑然不知。

NO.3 减肥伪科学都是怎么骗人的?

我曾经说,减肥科普就是一只猴子和一个和尚的故事。这是我的切身体会。

唐僧西天取经,孙悟空保着,一路上有多少妖魔鬼怪。若不是靠孙悟空的一双火眼金睛,唐僧早完了。唐僧老说,你怎么又造杀孽!猴子无奈,师傅肉眼凡胎,不认得这些妖怪。

减肥科普方面,大众就像唐僧,可亲可近,但也真傻。有时候单纯起来,比唐僧还容易骗。伪科学就是妖魔鬼怪,唐僧偏偏拿它们当好人。孙悟空棒打妖精,却被唐僧责罚。

妖怪本来是面目可憎,红毛绿眼,以真面目示人,唐僧再傻也不会上当。但妖怪会变,烦就烦在这儿。为什么唐僧会觉得妖怪是人,因为妖怪披了人皮。这张人皮,还不是一般人的皮,要么是和蔼的长者,要么是可爱的孩子,要么是漂亮姑娘。老少妇孺,都是最容易获取唐僧信任的人。

减肥伪科学,也是披着人皮的妖魔鬼怪。伪科学跟科学不一样,科学说话要讲证据,伪科学不用,可以想说什么说什么,就好像妖怪可以随意变换外形。

想说什么说什么,就捡人们爱听的说,自然就招人喜欢。比如局部减肥,好多人都想局部减肥,尤其是梨形身材的女人最喜欢局部减肥。但科学有效的局部减肥,目前确实是做不到的,除非你去抽脂。

科学告诉大家，局部减肥还做不到。我们一脸失望。伪科学出来了，说我能做到！不但能瘦腿、瘦屁股、瘦脸，我还能给你单瘦一边儿的脸！真是没有做不到，只有想不到。

这时候，伪科学的妖魔鬼怪披上了人皮，成了好人，成了替人圆梦的英雄。科学灰头土脸，倒成了被嫌弃的对象。所以减肥伪科学盛行，居然成为了主流，真科学倒是没了立足之地。

减肥伪科学找"皮"，也不是随便找一张拉倒，那也是动了脑筋的。减肥伪科学身上披着的"皮"，往往有以下几个特点。

1. 把复杂变简单。

人体是宇宙中已知的最复杂的东西，人体的复杂性远远超过任何人的想象。这么复杂的有机体，必然以一种复杂的规律操作运行，绝不像我们想象得那么单纯。比如，一个过量吃盐会不会导致高血压的问题，就争论了一百多年还没有特别统一的结论。我们总觉得这多简单啊，找个人，抓把盐给他吃，看看血压会不会升高不就行了。

真要是那么简单，这个世界就太美好了。1904年，Ambard 和 Beaujard 首次报告盐摄入与高血压有关，接下来的一百多年，多少人做了多少实验，也没把这件事彻底弄清楚，争得天昏地暗。2006年，世界卫生组织公布的《法国巴黎论坛和技术报告》明确说："已有的科学证据足以证明，在整个人群中通过各种有效的公共卫生措施减少钠的摄入量是正确的。"

世界卫生组织都说话了，你以为争议就此消停了吗？没有。2011年，《美国高血压》杂志上发表了一项荟萃分析研究，说盐摄入量与心血管疾病死亡率负相关。也就是说,吃盐越多,心血管疾病死亡率越低。于是又开始了新一轮的争论。

就这么一个小小的问题,一百多年也说不清楚。为什么?科学无能吗?那倒未必,关键是人体太复杂。所以,关于人体的事,什么减肥,什么营养,都不是那么简单的。不是说你O形腿,去上几节矫正课就变直了;也不是说你想要马甲线,走几天路就走出来了;更不可能全世界的大胖子,吃几十天某某减肥餐就彻底瘦了,从此过上幸福快乐的生活。那是童话。

现实是——只有极少数O形腿能通过运动矫正;光走路,一辈子也走不出马甲线,除非你走路走瘦了,腹肌轮廓显现出来了;胖子可以靠吃几十天的极端减肥餐瘦下来,但是,却不能从此过上幸福快乐的生活,只要停止这种极端饮食后,体重马上就卷土重来,甚至让人变得比以前还胖。

人们天生就喜欢单纯美好的童话,天生就喜欢非黑即白的简单思维。科学说人体很复杂,你可以如此这样试试,但不一定能有效。这种话,没有人爱听。可伪科学说,人体很简单,跟着我如此这样,包你成功。不是每一个人都是科学家,能受得了这种诱惑的。

当然,科学虽然复杂、烦琐,对很多事情还不清楚,但科学毕竟在稳步地前进,想要解决问题,还要靠科学。科学只不过不能让世界像童话一样美好,但还是能解决问题的。从我用科学来指导大众减肥的效果上就能看到,科学减肥效果还是显而易见的。

2. 把有限变无限。

伪科学也不都是胡说八道,有时候会讲一点科学原理。毕竟,我们的世界,"名义上"还是一个科学说了算的世界。所以,伪科学还是想要披上科学这层"皮"的。

但还是那个问题,"科学"两个字很吸引人,但是真正科学的东西并不吸引人。

伪科学,不要科学的实质,只要科学这层"皮"。任何事,冠以"科学"两字,使用几个大众半懂不懂的科学词汇,就会变得更容易骗人,比如走路可以翘臀。走路,臀大肌肯定要发力,不同的步态,臀大肌的贡献程度确实不一样。有些人就说了,想翘臀吧?不用深蹲,不用硬拉,走路就行,用进废退嘛。走路的时候,多用臀大肌,有几个月就翘臀了。

"用进废退",听起来好像挺有道理,实际上,对于肌肉增大来说,这个"用"是该怎么用这很关键。打个比方,我们每天都走路,都在用腿部的肌肉,但是走一辈子路也没见腿上的肌肉越走越粗。从肌肉增大的角度讲,"用进废退"说得通,但这个"用"必须是达到一定负荷的"用"。

也就是说,想增肌,要"用"肌肉,但是要使劲用。怎么使劲?健身房里举哑铃,几十上百公斤,这样肌肉才能增大。走路,走了十几年几十年了,那点负荷,身体早就习以为常。即便改变走姿,能让负荷增加一点,也就那么一点点。靠这一点点,想变翘臀根本不可能。

所以,伪科学这层"皮",就能把有限变无限,把有一点点作用,说成有绝对的作用。这层"皮",既可以胡说八道,还可以跟科学搭上关系,一举两得。

3. 把辛苦变快乐。

运动很辛苦,挨饿很难受,大家都想轻松减肥。所以,一旦有捷径,谁都心动。减肥伪科学不会放弃这个好办法,所以又给自己披一层"皮"。把辛苦的事说得很快乐,好像减肥都不是事儿,你只要按照我说的来,分分钟就大变身。

比如有一些减肥方法声称不用运动,躺着坐着也能减肥。这些方法要么是让你吃药,要么是让你使用仪器,贴在肚子上,躺在沙发里一按开关,脂肪就这么被消耗了。这类方法对减肥者的诱惑极大,即便不会全信,减肥者也难免会一试。你试一试我试一试,这个过程中伪科学也就赚得盆满钵满了。

4. 把不可能变可能。

这也是伪科学惯用的手段。科学有能做到的,也有不能做到的;伪科学没有,伪科学无所不能。比如减肥药,在科学的框架里,减肥药效果很有限,从各种实验来看,配合运动和饮食控制的情况下,2~3个月能减四五斤就不错了,还伴随一大堆副作用;但在伪科学的世界里,减肥药要多神有多神。我见过一种减肥药的宣传,说吃了以后,能把今天吃的饭的热量全部"排出去"。

人都觉得自己是理性的,其实不然,人往往只会相信自己愿意相信的事情。伪科学能蛊惑人,并不是因为它言之有理,而是因为它勾画了一个美好的世界,让人无限憧憬与向往。这时候,人就会轻易相信一些事情。

NO.4 怎么鉴别减肥伪科学
——三个"金标准"

关于怎么鉴别减肥伪科学,其实说到这里,大家心里应该已经有一些想法了。我下面具体总结一下能帮助大家鉴别减肥伪科学的三个"金标准",用这三个标准,对减肥伪科学的东西虽不一定能绝对命中,但也能猜个八九不离十。

标准一:说话太绝对,往往有问题。

过去有人问我,一本减肥书,怎么判断好坏?我告诉他,最简单的办法,你在书里头数"可能"两个字。"可能"两个字越多,越可能是好书(我也用了"可能"两个字)。

为什么是这样?还是那个原因——人体太复杂。每天跑步1小时绝对会瘦吗?不一定,如果你每天跑步1小时,但多吃一个汉堡,那可能反而会胖;不吃油大的东西一定会瘦吗?不一定,光吃胡萝卜、红薯、燕麦,吃得足够多,人也会胖;减肥的时候绝不能吃冰激凌吗?不一定,只要你热量控制得好,偶尔吃一顿不会影响你长期的减肥效果。

所以,关于减肥的所有事,都要综合考虑各种因素才能做出适合每个人、每种情况的真实准确的判断。更不要说,很多东西科学现在还不能完全搞清楚,更不能随随便便就下定论。

所以,科学的减肥观点,往往是用"可能""或许""一定概率"这样的字眼,而伪科学什么都敢说,"绝对""一定""完全"

张口就来。

在减肥者那里,说话绝对,往往显得更有说服力,我们会觉得这人说话"有底气"。这个坏习惯一定要改掉。当年张悟本骗人,真是大气也不喘一口。大爷大妈都觉得,他敢这么理直气壮,一定有把握。实际上此人就是一个彻头彻尾的骗子。

一本书,里面"可能"两个字越多,越可能是本好书,大家多看学术专著就知道了,越是学术的东西,越是严谨的学者,说话越不敢下定论,因为很多东西,要么太复杂,要么我们确实不知道。

我们看一篇文章,假如里面话说得简单而绝对,好像作者已经知道一切,这一切都是那么单纯美好,那么这篇文章可信度往往比较低。

过去我还建议,文章的标题(包括书名)太具有煽动性、观点太肯定、太有偏向性,它的内容很可能也好不到哪儿去。那些带有明显偏向性书名的书里,作者往往会侧重一个主要观点,想尽一切办法来强调它,突出它的特点,而对不利于书中观点的东西往往轻描淡写,绝口不提。你说他说得不对,也不能完全算不对,但很容易误导人。任何事物都有两面性,食物也一样,既能像仙丹,又能像毒草。

很多减肥方面的书一看书名,就知道是有偏向性的观点,要么想极力抬高什么,要么想极力贬低什么,这类书最好不要看。看什么书最好?看官方的东西,如政府发布的指南或者建议,或权威的国际组织发布的指南,或一些观点中立的书,比如《体重控制》《大白话运动减肥》等,作者的观点即便不可能做到完全中立,但起码没有太明显的偏向性。

标准二:不区分具体情况的观点往往不靠谱。

人体很复杂,最起码,高矮胖瘦各有不同;营养很复杂,不同的类型、不同的加工方式、不同的剂量都会影响某种营养素的作用结果;运动也很复杂,运动类型、运动强度、运动时间不同,对人体的影响也都有所不同。所以,涉及到人体、营养和运动的东西,必须具体问题具体分析,观点太笼统太蛮横,都不靠谱。

比如有的观点说,"跑步超过 1 小时就开始消耗肌肉",这就不对。为什么?实际上,人的肌肉蛋白质即便不运动,也会有一定比例被分解出来提供能量。这个我们先不说,最主要的问题是,这种观点没有区分运动强度。

跑步的速度不一样,对能量物质的利用方式和比例也完全不同。低速度慢跑 1 小时,很可能还没有开始大比例消耗肌肉;高速跑 30 分钟,肌肉供能的比例就上去了。

同时,跑步的时候怎么消耗肌肉也跟营养状况和个人运动能力有关系。低血糖跑步,肌肉消耗比例就更大;最近碳水吃得少,肌糖原储存明显下降,中高强度运动时肌肉消耗也会增加;运动能力差的,在做有氧耐力运动时,消耗的肌肉就可能更多。所以,笼统地说运动多长时间就开始消耗肌肉,是不科学和不严谨的。

还有些观点不区分体重。比如"健身者每天应该吃100克蛋白质"就是没区分体重。50公斤和100公斤的健身者,蛋白质需要量相差1倍,都是一个标准可不行;再比如"慢跑30分钟消耗300千卡热量",这也是不区分体重的问题,体重不一样,跑步速度、跑步里程再一样,消耗的热量也完全不同。

有人讲,这类观点,是不是为了方便人们理解和记忆所以做了简化?可能有这方面考虑。复杂的东西大家不好接受,做点简化是必要的;但简化也要有限度,简化过了头,科学就变成了伪科学。过分简化弊大于利,特别容易误导人。所以有些东西需要复杂地去说,不能什么都简化。

标准三:实验也分三六九等,谨慎对待低可信度实验。

我们容易犯一个错误,就是看见"实验发现""研究发现"这几个字就马上肃然起敬。因为我们会想,都有实验验证了,观点还能错吗?实际上,实验这个东西,也不是都可信。

首先,我们刚才就说了,一两个实验不一定能说明问题。

学术界同样类型的实验,不同的实验团队做出完全相反的结果,这种情况非常普遍。还是那个原因,人体太复杂,运动太复杂。比如运动减肥的效果,跟个人基因、年龄、性别、健康条件、运动能力、基础激素水平、营养水平、训练方法、饮食习惯、生活习惯等都有关系。科学研究做实验,很难控制所有干扰因素。

比如咖啡减肥,现在也没有最终的结论。有的实验发现咖啡因可以帮助减肥，但有的实验发现没有明显的效果。其实原因很大程度上是因为每个人对咖啡因的敏感度不一样，这样的话，有的人使用咖啡因有用，有的人使用就没用。所以，单纯一两个实验，可能有价值，但不能够完全说明问题。

实验也分"三六九等"。有些实验可信度高一些，有些就低一些。哪些高哪些低。这里要涉及到一个概念，叫"循证医学"。循证医学主要就是说，医学证据具有不同的论证强度，即医学证据具有不同的可信等级。一般来说，循证医学或循证营养学，把研究资料的可信度从强到弱排列，依次是（由上到下，由左到右）：

- 系统评述或荟萃分析
- 随机对照研究
- 队列研究
- 病例—对照研究
- 病例系列研究
- 病例报告
- 专家个人想法、观点、评论
- 动物实验
- 体外实验

我们看到，动物实验、体外实验，从人类医学、营养学，乃至运动科学的角度来看，可信度最低。很多常见的减肥补剂宣传得很神，但它们声称的有实验支持往往都是动物实验，正经能拿出人体实验的少之又少。更不要说，即便是人体实验，也有水平高低之分。

最后，实验发表在哪本杂志上，也很重要。实验发表的杂志可能直接说明了实验的档次高低。高水平的学术期刊，里面的文章相对可信度高一些。

大家可能觉得，都发表在学术期刊上了，难道不是百分百可信的吗？实际上不同水平的学术期刊差别很大。衡量学术期刊谁高谁低,大家都习惯使用"影响因子"。什么叫"影响因子"?实际上就是这本杂志在学术界的相对影响力。比如都是营养学期刊,《美国临床营养学杂志》和我国的《营养学报》,影响因子相差就很大。当然,绝不是说《营养学报》上的东西就不如《美国临床营养学杂志》。影响因子也是相对的。

所以我们看文章的时候,里面的研究无论如何也是要发表在学术期刊上的,期刊越有影响力,研究结论也就相对越可信。

最后总结一下,我们怎么大致判断一本减肥书或者一篇减肥文章是真科学还是伪科学——看5样东西:

* 看标题(或者书名)。实在太鬼扯的,可以干脆不看。
* 看文风。说话太绝对、太牛、太冲、太儿戏、太浮夸、太有偏向性,又没有实验数据佐证,可信度就要打折扣;相反,开放性的结论、严谨的风格、平和的语气、中立的态度,文章可信性就相对高。
* 看数据。给的数据太笼统,高矮胖瘦一个样,不区分具体情况的,可信度又要打折扣;反过来,具体情况区分得很明朗,给出的方案细化又具体,可信度就加分。
* 看实验。有"随机""对照组""大样本""荟萃分析""系统分析""文献综合分析"等字样的人体实验,可信度更高。动物实验、体外实验,甚至个人经验,可信度就很低了。数据来自同行审议的学术期刊,更可信。必要的时候可以检索一下该学术期刊的影响因子。
* 看广告痕迹。可以看看文章中有没有明显的广告痕迹,涉及到具体品牌、产品、技术、厂家、经销商等超过两处的,就要提高警惕了。

从零开始
精通运动减肥

|章|首|故|事|

运动减肥原来不止是"动"这么简单

  Ruby 的故事很有意思。在运动减肥之前她主要靠节食减肥。当时她跟男友分处两地,每周周末见面,所以 Ruby 养成一种坏习惯。周四周五几乎不吃饭,把自己饿得头晕眼花,她觉得这样,周末的时候自己最瘦最漂亮。但周一周二两天,她往往会暴食,狠狠地把自己爱吃的东西都"吃回来"。这样,体重好像过山车,周末低周初高。虽然人看上去也没什么明显的变化,但体重降下去了,Ruby 就觉得很踏实。

  Ruby 这么折腾,后来把胃折腾坏了,医生说不能再饥一顿饱一顿了。她只好在网上找了一份减肥饮食计划。但是坚持一阵子之后,发现效果不好。因为 Ruby 偏爱高脂肪高热量的食物,很难保持健康的减肥饮食。既然管不住嘴,Ruby 只好想办法"迈开腿"。

  运动计划是我给她制订的。她有点没信心,以走路为主,跑步这么少怎么能减肥呢?所以她干脆没用我的计划,开始自己跑步,跑了4天,重感冒躺下了。因为她从来不运动,需要有一个逐渐提高运动能力的过程。突然运动量增大,免疫功能受到明显抑制,结果就感冒了。

  我跟她说,运动减肥讲究更多,不能一味多运动。我给了她一个分三个阶段的运动计划,告诉她从第一阶段开始,一步一步来。到了平台期,体重不变化了,就开始下一阶段；到了第三阶段，就不看体重了，依靠皮脂厚度来衡量减肥效果。

后来她根据我的计划开始每天花大量时间运动，辅助饮食控制。虽然辛苦，但是这对于她来说是最现实的减肥方法。12周后Ruby体重减轻了5公斤，皮脂厚度减少也非常明显，减肥效果不错。第13周Ruby减肥出现了平台期，体重和皮脂厚度都不动了。

Ruby开始第二阶段的运动，时间花得比以前少了，但体重又开始继续下降。Ruby体重本来就不大，她身高168厘米，开始运动减肥前体重是55公斤。第二阶段的运动还没到达平台期的时候，Ruby体重下降到46公斤，看起来已经很瘦了。她说现在食欲控制得比以前好了，不再特别想吃高脂肪的东西。我建议她可以不用等到平台期而直接进入第三阶段。第三阶段Ruby的运动计划里增加了力量训练。体重一开始小幅回升，但Ruby很有信心，因为体重虽然有回升，但是皮脂厚度减少了，她知道，这是脂肪减少了肌肉增加了。

最后Ruby的体重稳定在47~48公斤，身材看起来很匀称。Ruby说，自己运动减肥的另外一个收获是把食欲控制住了，到了吃饭的时间，人也不觉得很饿，而且更喜欢吃主食，不那么喜欢吃又肥又油的东西了。

没有不能减肥的运动

我在接受减肥咨询的时候,发现很多人会问,这种运动能不能减肥?那种运动能不能减肥?我要首先强调一点,任何运动都可以减肥。不同的运动形式,无非是个减肥效率高低的问题。所以大家不要认为有的运动能减肥,有的不能减肥。实际上没有不能减肥的运动。

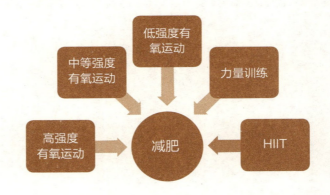

比如很多研究都发现,每天步行一定步数,一段时间后体脂也能下降。甚至于还有不需要运动的 NEAT 减肥法,也就是平时不用运动,多活动,靠增加碎片时间的活动,积少成多来减肥。很多人用这种方法也减肥成功了。所以,只要是能额外消耗热量的事,就有助于减肥。

下面我具体说一下减脂的运动方式。用来减脂的运动,主要分三类：持续性有氧运动、高强度间歇运动（也就是狭义上的HIIT）、抗阻运动（力量训练）。其中持续性有氧运动被用得最多，也相对简单，就是一种运动方式持续一段时间，比如骑自行车，速度不变地骑 1 个小时，就属于这种运动。

这三种运动都能减脂，就看怎么安排。下面我分别解释这三种运动减脂的有效性和优缺点。但首先强调，本章的内容中，运动减肥的理论和建议都是针对健康人而言的，有基础病的人群，运动禁忌很多，这里不涉及。

NO.2 持续性有氧运动

持续性有氧运动方式很多，比如步行、快走、跑步、骑自行车、游泳、椭圆机训练、划船机训练，还有强度基本稳定的健身操等。这些运动方式，都可以作为有氧运动来做。我们持续做一会儿，比如持续跑步半小时、1小时，就属于持续性有氧运动了。跑快点，就是高强度持续性有氧运动，跑慢点就是低强度持续性有氧运动。

过去有种观点认为，持续性有氧运动，低强度的减肥效果最好。因为低强度运动时，脂肪供能的比例最大。比如，在做某些高强度运动时，消耗的热量可能 1/3 是燃烧脂肪提供的；而做低强度运动时可能 2/3 甚至更多是燃烧脂肪提供的。虽然 2/3 的比例更诱人，但是实际上这种观点是错的。

低强度运动的时候，虽然脂肪供能的比例大，但绝对值小，所以减脂效果不如中等或以上强度有氧运动。而且，中等或以上强度有氧运动，运动后消耗的热量也更多。运动后还能消耗热量吗？是的，而且很多运动减肥的效果，主要靠运动后脂肪的燃烧。关于这个话题我们后面会详细讲。

低强度有氧运动脂肪燃烧比例大但绝对值小，什么意思呢？我给大家打个比方。比如你有两个朋友，一个穷朋友一个富朋友，他们都给你钱。穷朋友可能天天给，一次给十块八块。虽然天天给，比例很大，但总数小；富朋友，一年才给你一回钱，一次就给 10 万，比例小，但绝对值大。

所以，低强度有氧运动，虽然脂肪提供能量的比例大，但是因为运动强度实在太低，消耗的脂肪总量一般比中高强度运动时消耗的脂肪总量少，所以减脂的效率不如中高强度有氧运动。

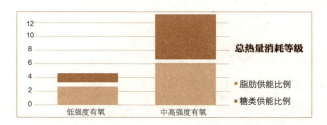

另外，还有一些研究认为，高强度运动跟低强度运动相比，更有抑制食欲的作用。比如有一项研究，让两组体重正常的健康女性分别做高强度运动和低强度运动 15 周，不限制饮食。发现高强度运动组饱和脂肪和胆固醇摄入量明显下降，最后减脂效果也更明显；低强度运动组饱和脂肪和胆固醇摄入则没有变化。但运动对食欲的影响，目前的结论还不统一。

所以，持续性有氧运动想要减脂效率高，如果身体条件允许的话，强度最好不要太低。虽然低强度运动也可以达到中高强度运动的减肥效果，但需要花更长的时间，减脂效率低。（请注意我一直用"效率"这个词，不用效果，因为一种运动的减脂效果的好坏还取决于运动时间。）

那具体多高的运动强度消耗脂肪效率最高呢？一般认为是 65% 左右最大摄氧量的运动。什么叫最大摄氧量？我们不用管，我们只要知道 65% 最大摄氧量的运动是中等强度运动就可以了。这个时候消耗脂肪的绝对值一般是最大的。但注意，这里说的都是运动时脂肪的直接消耗。

如何简单地衡量运动强度?

有人会问,中等强度运动具体是个什么强度?我下面就跟大家讲一下怎么衡量运动强度。

衡量运动强度的方法有很多,直接的就是看摄氧量,也就是你运动的时候单位时间消耗了多少氧气。消耗的氧气越多,运动强度就越高。但摄氧量不依靠仪器我们测不出来,所以,我给大家介绍两种最简单方便的衡量运动强度的方法——看心率和凭主观感觉。

用心率衡量运动强度,需要知道自己的最大心率。最大心率怎么算?我们最熟悉的是 Fox 公式,就是 220 - 年龄。但不少研究认为这个公式对最大心率估算不准确。我建议大家用 Gelish 公式,这个公式也很简单,就是 207 - 0.7 × 年龄。比如一个人 26 岁,他的最大心率就是 207 - 0.7 × 26=189。当然,这是针对健康人来说的。

如果我们平时运动时的心率小于 35% 最大心率,那么这种运动就是极低强度运动;35%~59% 最大心率,属于低强度运动;60%~79% 最大心率,属于中等强度运动;80%~89% 最大心率,属于高强度运动;超过 90% 最大心率,属于超高强度运动。这是一般的区分方法。

我举个例子,比如你 26 岁,我们用公式算出来你最大心率是 189 次 / 分。那么你跑步,跑完马上测心率——132 次 / 分,132/189=69%,那么你刚才跑步的运动强度,就属于中等强度的运动。反过来说,假如你打算做中等强度运动,那么你运动时的心率就要高于 60% 最大心率,也就是大于 0.6×189=113 次 / 分。

凭运动时的主观感受也能衡量运动强度。简单说,运动时越吃力,运动强度一般就越高,这是很自然的。这种衡量运动强度的方法有很多,比较 Borg RPE 量表。这个表,就是把运动时的感觉,从"很轻松"到"非常吃力",分成若干级别来对应运动强度。

运动强度	% 最大心率	Borg 主观体力感觉
极低强度	<35%	很轻松
低强度	35%~59%	轻松
中等强度	60%~79%	有点吃力
高强度	80%~89%	吃力
超高强度	≥90%	非常吃力

所以,持续性有氧运动,运动强度最好是达到"中等强度",这样减脂的效率一般最高。若强度降低,想达到同样的减脂效果,运动的时间就要延长 [1]。

持续性有氧运动减肥的优缺点各是什么呢?

优点就是简单,不需要详细的方法,一个固定的运动强度你去运动,总时间达到要求就可以。另外,运动强度可以根据自己的条件来设定:身体好的,做中高强度运动;身体不是特别好的选择低强度。相比 HIIT 和力量训练来说,这样的运动安全性高一些。

持续性有氧运动的缺点，一个是坚持难度比较大，一开始不利于坚持（对运动能力不足的人来说）；再一个是需要运动的时间比较长。一般来说，中等强度的持续性有氧运动，每周最少也要安排5次以上，每次60分钟左右，这样减脂效果才比较明显（当然，这个数据研究结论很不统一）。

高强度间歇性运动

高强度间歇运动，其实我们也很熟悉，就是狭义上的HIIT。为什么说是狭义上的HIIT呢？因为现在HIIT很流行，所以被用得很滥，网上有各种各样的HIIT（有些人甚至还发明了慢跑HIIT，实际上根本不对）。有些HIIT符合高强度间歇运动的标准，有些则不符合。

高强度间歇运动有两个最基本的要求，其中之一就是高强度。这个高强度，一般来说要高于90%最大摄氧量。

高强度间歇运动（下面都称为HIIT，特指符合高强度间歇性运动标准的HIIT）另外一个标准是间歇性。即运动时一会儿强度高，一会儿强度低，同一种运动强度的运动时间从几秒到几分钟不等。

HIIT过去一般用来训练有氧耐力运动员，20世纪50年代

就有，不是什么新生事物。但因为强度很高，对运动能力要求高，所以一直仅被用于运动员训练，在民间没有普及开。现在 HIIT 很火，主要的原因是它被认为有更好的减脂效果。

HIIT 和持续性有氧运动的减脂效果相比哪个好？这个问题现在也还有一定的争议。但基本上，学术界逐渐倾向于接受 HIIT，并且承认它比持续性有氧运动有更高的减脂效率 [2, 3]。HIIT 好不好？好在哪儿？我给大家介绍一下。

1. 容易坚持。

HIIT 跟中等强度持续性有氧运动相比，平均通气量少，不容易产生呼吸极点。说白了，就是困难程度更低，更容易接受。持续性有氧运动，对于运动能力不是那么好的人来说，一开始接受起来比较有难度，但 HIIT 因为强度有间歇，所以虽然强度高，但是高强度运动一会儿，马上有个低强度的阶段，所以总的来说难度较小。

2013 年有一项研究，让 20 个心衰患者分别进行相同运动量的 HIIT 和持续性中低强度有氧运动，结果有 17 个人顺利完成了 HIIT，但只有 8 个人完成了持续性中低强度有氧运动。不少研究都发现，HIIT 在运动愉悦感、可接受性、耐受性方面都比持续性中等强度有氧运动要好。低强度有氧运动倒是不费劲，但是因为需要时间很长，所以太枯燥，很多人也难以坚持。

2. 减脂效率可能更高（这是被大家津津乐道的一个好处）。

HIIT 减肥，大家都知道，特点是时间短，不需要那么长时间，而且效果可能更好。所以老有人问，我做 20 分钟 HIIT，相当于多长时间的持续跑步。当然，这个问题没法简单回答。但确实，

20分钟的HIIT，如果做到位的话，也许比40分钟甚至更长时间的中低强度持续性有氧运动效果更好。

比如关于HIIT，有一个非常经典的研究，是20世纪90年代加拿大学者Trembley等的实验。他们找了17个年轻人（8男9女），进行20周的持续性有氧运动；另外找了10个年轻人（男女各一半），进行15周的HIIT。结果发现，持续性有氧运动组平均消耗热量120.4兆焦耳，HIIT组平均消耗57.9兆焦耳，HIIT组的热量消耗还不到持续有氧组的一半，但HIIT组的皮下脂肪减少量是持续有氧组的9倍！

还有一项实验，2组肥胖女青年，1组做HIIT——8秒全速蹬自行车＋12秒放松速度蹬踏算一组，重复20组；另一组人则做跟HIIT组耗能相同的中等强度有氧运动。15周后，HIIT组总脂肪量和腹部脂肪量都明显减少，持续有氧运动组则没有明显变化。类似结论的人体或动物实验还有几例，我就不例举了。

但是也有一些研究发现HIIT跟持续性有氧运动相比，没有这种明显的优势，只能说是跟持续性有氧运动效果持平。但总的来说，学术界对HIIT的减脂效果还是基本认可的，即便我们说效果不比持续性有氧运动明显，但至少不会比它差。但HIIT用时短，还比较容易接受，所以总的来说减脂效率比较高。

3. 其他好处（如更有助于提高胰岛素敏感性和保持肌肉）。

有些研究认为超高强度运动对提高胰岛素敏感性效果更明显。胰岛素敏感性的提高对减脂也有间接的帮助。另外，因为HIIT运动强度高，对减肥期间保持肌肉量，甚至增加肌肉量都更有好处。我们知道，较大比例的肌肉量对持续减脂非常重要。

有人可能有疑问，前面不是说中等强度的有氧运动最利于减脂吗？实际上，前面我们也提到，这是就运动直接消耗的脂肪来说的，而 HIIT 减脂主要突出的是运动后对脂肪的消耗。

运动后为什么还能消耗脂肪？这里我简单介绍一个概念——运动后过量氧耗。

运动后过量氧耗，简单地讲，就是运动后还有一个阶段我们身体的耗氧量会增加。我们知道，运动时能量消耗会增加，那么就需要更多氧气，所以运动时氧气消耗会增加；而运动后，我们不需要提供更多能量，氧气消耗应该恢复到安静水平。但是我们会发现，很多运动在结束后，氧气消耗仍然会持续增加，这就是运动后过量氧耗。

因为我们一般会用氧气消耗来衡量能量消耗，氧气消耗增加，就代表能量消耗增加。所以运动后过量氧耗，代表运动后我们的身体虽然处在安静的状态，但是我们消耗的热量比平时安静状态的时候要多，这样的话，运动后过量氧耗其实就是有利于减肥的。

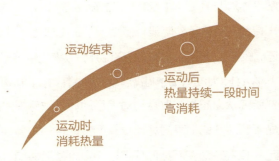

运动结束

运动后
热量持续一段时间
高消耗

运动时
消耗热量

运动后过量氧耗是为什么呢？过去认为是偿还所谓"氧债"。

其实运动后过量氧耗以前就叫"氧债"。传统的观点认为，运动都需要氧气，但是氧气的供应需要肺部进行气体交换，然后氧气还要通过血液循环进入肌肉，才能满足运动时的氧气消耗。但是人的吸氧量不是一下就能提高的，运动的时候上一秒你每分钟吸1.5升氧气，不可能下一秒就一下子变成3升，所以运动时氧气的充足供应需要一个时间。这样的话，运动一开始的一段时间内，氧气的供应赶不上消耗，所以就欠下了氧债。这个欠下的氧债要运动后还上，所以运动后就要多消耗氧气。这是传统的观点对运动后氧气消耗增多的解释。但是后来发现，运动后增加的氧气消耗要比运动时欠下的氧债多得多，所以说运动后过量氧耗其中还有其他的成分。

总的来说，一般认为，其中可能与磷酸原系统的补充、运动后乳酸的清除、血红蛋白、肌红蛋白的载氧、体温升高、心率加快、激素水平的变化等都有关。另外，肌纤维损伤的修复、肌纤维的增粗、肌糖原的恢复也都要消耗热量，这也是运动后长时间过量氧耗的主要因素。

另外，运动后过量氧耗一般都是以消耗脂肪为主的。所以，运动后过量氧耗对减肥很重要。

NO. 5 如何让运动后过量氧耗多一点？

我们想减肥，那肯定希望运动后过量氧耗多一点。那么什么样的运动，运动后过量氧耗会比较高呢？一般认为，运动后过量氧耗跟运动强度和运动时间都有关系，但是最主要的影响因素是运动强度。

强度越大的运动，运动后过量氧耗的总量一般越多，持续的时间也越长。比如有很多相关的实验，让受试者做高强度力量训练和低强度力量训练，发现虽然运动量一样，但高强度力量训练后的过量氧耗总量要比低强度力量训练高得多。

什么叫运动量一样呢？就是说，以同样的速度做同一个动作，比如都是把哑铃举起1米高，10公斤的哑铃，你举了10下，那么我们粗略地估计是做了100焦耳的功；100公斤的哑铃你只举了1下，也同样是做了100焦耳的功，这就叫运动量一样。

但是很多研究都发现，虽然运动量一样，我们举重东西，运动后的过量氧耗就比举轻东西大。不但总量大，而且持续的时间也长。这就是说，如果我们考虑减肥的话，做力量训练的时候，大重量低次数的模式，就可能比轻重量高次数的模式更好。当然，前提是运动量都一样。

但是也有一些实验不支持这种结果，比如有一项实验对比了12RM和15RM的力量训练后发现，这两种训练后过量氧耗差不多。12RM 就是力量训练时一组只能完成 12 次重复的重量（就是一次性举 12 次，再也举不动了的一个重量），15RM 就是一组只能完成 15 次重复的重量。这两个重量其实相差不大。

但是如果重量相差比较大，那么一般认为，还是高强度的力量训练，训练后过量氧耗要明显多一些。所以如果我们减肥，做力量训练的话，应该尽量选择强度高一些的训练，使用大一点的重量。好处不但是减肥效果可能更好，另外也节省时间。大重量举 1 次可能等于轻重量举几次的效果。

当然，大重量训练安全性低，而且增肌效果可能会更明显。所以不建议新手使用，也不建议一些害怕肌肉变太大的女孩子使用。当然有人可能说，女孩子的肌肉能长多大？确实，女性增肌潜力远不如男性，但是方法得当的话，增肌量也是不容小觑的，完全可以让一个萌妹子变成女金刚。

当然我们举的例子是力量训练，其实有氧运动也是这样。低强度有氧运动也有运动后过量氧耗，但是时间非常短，量也非常小；而高强度有氧运动后的过量氧耗一般就要大得多，时间也长。

运动时间方面，运动时间越长，运动后过量氧耗的持续时间一般也越长，但是运动后过量氧耗的速率不会提高。也就是说，比如以同样一个运动强度运动 1 小时，运动后过量氧耗持续 3 小时，每分钟是若干升；如果还是以这个强度运动 2 小时，那运动后过量氧耗可能持续 6 小时，但因为运动强度没变，可能这个运动后过量氧耗还是每分钟那么多升。

并且，也有一些研究认为，运动时间要想影响运动后过量氧耗，运动强度也不能太小。运动强度太小的话，运动时间即便延长，运动后过量氧耗也不会增加。比如有一项实验发现，分别做35%最大摄氧量运动10分钟和30分钟，运动后过量氧耗没有变化。35%最大摄氧量的运动，属于低强度运动，强度不够。

但是如果把运动强度提高到50%最大摄氧量，接近中等强度运动，运动时间延长，运动后过量氧耗就明显增加了。所以，在运动后过量氧耗方面，运动时间也是被运动强度限制着——如果强度太低，时间长也没用。一般认为，至少也要达到或者超过中等强度运动，运动时间的延长才能带来运动后过量氧耗的增加。

所以说，运动强度是影响运动后过量氧耗的最关键因素。一般来说，主流观点认为，在一定范围之内，运动强度和运动后过量氧耗的量呈指数关系。当然，关于运动强度和运动时间对运动后过量氧耗的影响，目前也还是有一些争议的，我们只是给大家介绍一下主流的观点。

研究还发现，增加运动后过量氧耗还有一种办法，就是间歇性运动。比如有一些很有意思的实验，这些实验把持续运动分成几次来做，结果发现分开做的持续运动运动后过量氧耗明显增加。

有一项实验把受试者分成两个组，完成同样强度的跑步，一组持续完成30分钟，一组分成两个15分钟间隔完成。结果发现，间歇运动的那一组，运动后过量氧耗明显增加——持续跑是5.3升，间歇跑是7.4升。

还有一项实验，也是同样的强度，3组被试者分别运动1个30分钟、2个15分钟、3个10分钟。结果发现，运动后过量氧耗逐个增加：最小的是一次性完成30分钟的组，最大的是做3个10分钟的那一组。

这是很有意思的一种现象,但是为什么目前还不清楚。很多研究认为 HIIT 跟持续性有氧相比有更好的减脂效果,可能跟它的间歇性有关系。

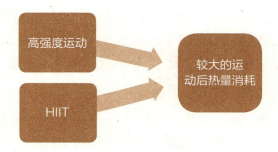

运动后过量氧耗,还跟运动能力有关。一般来说,有训练经历的、运动能力强的人,在相同的运动强度下,运动后过量氧耗的量、持续的时间都要比没有运动训练习惯的人多。这也是规律运动更有利于减肥的一个原因。

最后,内脏脂肪越多的人,运动后过量氧耗一般也越大。比如女性运动后过量氧耗一般没有男性大,可能是因为女性普遍下肢脂肪比较多,男性普遍腹内脂肪比较多。所以,运动消耗脂肪有这么一个特点,女性在运动时脂肪消耗比男性多,但运动后过量氧耗小,所以运动后女性脂肪消耗比男性少。反之,男性运动时,跟女性相比,糖类消耗多,脂肪消耗少一些,但是运动后男性的过量氧耗大,所以运动后消耗的脂肪要比女性多。如何运用到实际中去呢?那就是男性运动减脂,相对更适合力量训练或者 HIIT,女性运动减脂更适合持续性有氧运动。

而且,男性持续性有氧运动时消耗糖类比较多,所以对蛋白质的消耗也比女性大,所以男性减肥,更不建议使用长时间持续性有氧运动，不利于保持肌肉。

以前有个朋友跟我咨询减肥，他之前就是做持续性有氧运动的，但是发现减肥速度慢，减完了胳膊和腿特别细，但肚子还是挺大。后来我建议他做力量训练，这样一方面有助于减少肌肉消耗，还能增肌，而且减脂效率还比较高。后来他改变了运动方式，减脂塑形效果就明显好多了。当然高强度运动更有助于抑制食欲，也可能是其中的一个原因 [4]。

HIIT 虽然运动时消耗的热量不高，脂肪直接消耗的也少，但运动后，它能大量消耗脂肪，这可能是 HIIT 减肥最大的优点。

HIIT 的缺点就是相对繁琐，因为它高低强度搭配，变化比较多；另外 HIIT 强度毕竟高，对有些人来说安全性可能不如持续性有氧运动。以前 HIIT 都是运动员在使用，虽然后来有一些研究认为普通人，甚至心脏病人也能比较好地耐受 HIIT 训练。但我个人建议，有基础病的朋友，做 HIIT 仍然要谨慎。另外我也再次强调，本章中的运动减肥理论和建议，都是针对健康人而言的。

关于 HIIT 的具体形式我说一下。大家一说 HIIT 首先想到的是各种操。但实际上，只要是满足高强度和间歇性这两个因素的运动，都可以叫 HIIT（民间有很多更细致的分法，实际上意义不大，还容易把问题搞复杂）。跑步、椭圆机、划船机、自行车训练都可以做 HIIT。说白了，原则就是运动要一会儿快一会儿慢。

比如自行车 HIIT，一般就是全速蹬踏 + 慢速放松作为一个循环。全速蹬踏的时间，可以是几秒，也可以是几十秒，看自己的运动能力。比如全速 8 秒 + 低速 12 秒为一循环，重复 60 次，做完一共是20分钟,这就是一个典型的自行车HIIT。

甚至没有自行车,只有一小块空地,我们也可以做徒手HIIT。比如高抬腿,全速高抬腿10秒+慢速高抬腿20秒为一个循环,重复40次,也是一个不错的原地高抬腿HIIT。

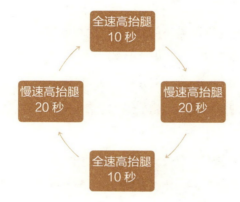

NO. 6 力量训练

首先说力量训练能不能减肥的问题。有些人认为力量训练不能减肥,只能增肌。实际上,力量训练也能减肥。我们前面也说了,任何运动都能减肥,无非是个效率高低的问题。

从实验研究来看,力量训练的减肥效果其实并不差。比如有一项研究,对 40 名肥胖女性进行 8 周的力量训练 + 饮食控制,发现脂肪平均减少 4.3 公斤,瘦体重平均增加 0.4 公斤。可见力量训练也能获得不错的减脂效果,还非常有利于瘦体重的保持或增长。

之前我介绍过一项实验,不节食做 12 周力量训练,被实验者平均减少 2.4 公斤脂肪。而上面的研究中加入了饮食控制,8 周就减少了 4.3 公斤脂肪(当然了,这只是一个简单的并不太严谨的对比)。另外我们还能看得出,力量训练 + 饮食控制对瘦体重的增长有很大干扰:8 周才增加了 0.4 公斤瘦体重。所以,减脂和增肌(瘦体重跟肌肉不是一回事,但瘦体重的变化量能反映肌肉的改变)可以同时进行,但是彼此之间都有干扰。

从这个实验我们也能看出,如果不考虑增肌的话,甚至完全可以用纯力量训练来减肥。力量训练,虽然属于无氧运动,不能直接消耗多少脂肪,但是它的减脂作用主要体现在运动后,力量训练运动后的消耗非常明显,一次好的力量训练课结束后,基础代谢率的提高甚至能保持到运动后 48 小时。而且，力量训练非常有利于持续减脂。国内有一项研究报告称，4 周高强度力量训练以后停止训练，减脂的效果还能持续 1 个月。

还有一项研究，让一些 30~50 岁女性进行 15 周的力量训练，结果发现这些女性的脂肪明显减少，而且瘦体重也有显著增加，同时她们的基础代谢率有所升高。这种身体变化保持了 6 个月。

所以，力量训练的最大优点就是练一次，减脂效果能持续一段时间 [5]。

力量训练的另外一个优点是，非常有助于在减脂的时候保持肌肉，甚至增加肌肉，减脂不减肌，这样就有利于持续减脂。

力量训练的缺点是什么呢？一个是难度大，再一个是安全性相对比较低。持续性有氧运动，谁都会；HIIT，简单讲解一下，大家也能明白；力量训练就比较难，需要系统学习才能掌握，练得不合适还容易造成运动伤害。（这里说力量训练的安全性低是相对而言，如果学习到位，方法正确的话，总体来说还是很安全的。）

关于力量训练怎么练，训练动作怎么选择，以及动作本身的要点等，我们后面会专门介绍。

运动方式	优点	缺点
持续性有氧	• 简单 • 运动安全性高	• 前期不易坚持 • 耗时长
高强度间歇运动	• 减脂效率高 • 易于坚持 • 省时 • 有利于保持肌肉	• 操作略烦琐 • 运动安全性相对稍低
力量训练	• 一次训练后减脂效果持续 • 最有助于持续减脂	• 入门较难 • 动作安全性相对较低

NO.7 不运动的碎片活动减肥法 ——NEAT 减肥法

很多人说平时工作太忙,没时间运动怎么办?这样的话,是不是只能单纯靠饮食控制来减肥了呢?也不见得。有一种有效的不用运动的减肥方法,叫 NEAT 减肥法。

NEAT(Non-Exercise Activity Thermogenesis,即非运动性热消耗),也就是除了有意识运动之外的所有活动的热量消耗。NEAT 减肥法,就是靠增加这种非运动性热消耗来减肥的。

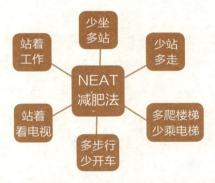

NEAT 减肥效果怎么样?研究发现还是很不错的。这种减肥方法的鼻祖是美国明尼苏达州梅奥医学中心的内分泌专家莱温,他的研究成果发表在《科学》杂志上。根据统计,NEAT 减肥法使用得好,每周可以帮你减去约 0.5~0.8 公斤脂肪。这个减脂量也是很可观的。另外,因为减肥速度慢,所以反弹率低,对肌肉损伤也微乎其微。

莱温比较了10个轻度肥胖的人和10个较瘦的人,发现胖人比瘦人每天多坐2小时,瘦人比胖人每天多站或多走2.5小时。计算一下,瘦人比胖人每天多消耗350~415千卡热量。

这些热量什么概念?想靠运动消耗350~415千卡热量,体重50公斤的女生,大约要中速骑自行车1.3小时,或中低强度有氧舞蹈跳1.4小时,或快速步行2.5小时。想靠节食少摄入这么多热量,你需要每天少吃约300克米饭。

NEAT减肥法原理太简单了。记得我小时候妈妈老站着看电视,她说这样减肥,那时候我还不信。现在看来,她不知不觉就使用了NEAT减肥法。NEAT减肥法无非就是少闲多动。

尽量多走,多站,多活动。站着看电视、看书,打电话时来回踱步,跟朋友说话时边走边说,步行上下班,多爬楼梯,故意把车停远一些,等等,都属于NEAT减肥法的具体措施。NEAT减肥的好处是灵活性强,你可以根据你的生活方式自行安排,但坏处是因为灵活性太强,有些人反而不知道该怎么做了。

国外有专门的NEAT减肥讨论小组,他们还有自己的网站,交流分享一些NEAT的好点子。我摘录部分在下面以供大家参考。同时,这些点子也是很好的提示,我们要使用这种减肥方法,就要多动脑筋,多发掘生活中能增加消耗的点点滴滴。

* 不使用任何遥控器。
* 养花或养鱼(平均每天可以多消耗50~80千卡热量)。
* 不使用网上缴费方式。
* 减少网购次数。
* 使用高价汽油(减少开车里程)。

我的最后一本
减　肥　书

* 把车停在离家较远的地方，把自行车停在楼下（去近处时会自然地选择骑自行车）。
* 冰箱摆放在远离厨房工作台的位置。
* 把餐厅的椅子收起来（站着吃饭）。
* 沙发放在远离电视机的地方。
* 每周单数日不开车。
* 把公司的椅子调到最低（强迫保持挺直腰板，以不太舒服的姿势工作，一方面能多消耗热量，另外因为坐姿不舒服，还可以督促你经常站起来活动）。
* 养一条狗（据统计，平常不喜欢散步的人，养狗后每天多步行1.5小时）。
* 在脚踝处绑上负重沙袋上班（即使是较轻的负重沙袋，也可以让你每天多消耗100千卡左右热量，相当于约100克米饭）。
* 背较重的包，包里永远装一两瓶水（相当于负重）。

具体如何安排运动减脂？

请注意，本书中的运动建议仅供参考。任何有疾病或运动风险的人，在进行运动之前都要获得医生许可。健康人群，安排运动也需要循序渐进，在可绝对保证安全的前提下运动。

上面介绍了三类减肥运动和 NEAT 减肥法，那么具体到如何选择运动，我详细讲一下。

减肥时怎样选择运动方式，这个要根据自己的情况来，没有适合所有人的最好的减肥运动方式，只有最适合你的方式。理想的情况下，就是对各方面情况都满足要求的人来说，我的建议是：男性，HIIT、持续有氧运动、力量训练的比例 5:2:3 可能比较合适，即以 HIIT 为主，辅助一点中等强度有氧运动，再安排一些力量训练；女性，这个比例我建议是 2:6:2，即以持续性有氧运动为主，辅助一些 HIIT 和简单的力量训练（以上均为个人建议）。

具体到每个人，我建议大家，根据自己的性别、身体素质、运动时间、悟性高低（自学能力高低）等来选择运动方式。比如你有大把时间，自学力量训练感觉比较吃力，那就干脆以持续性有氧运动为主要的运动方式。我总结了一个简单的方法来供新手选择减脂运动方式。

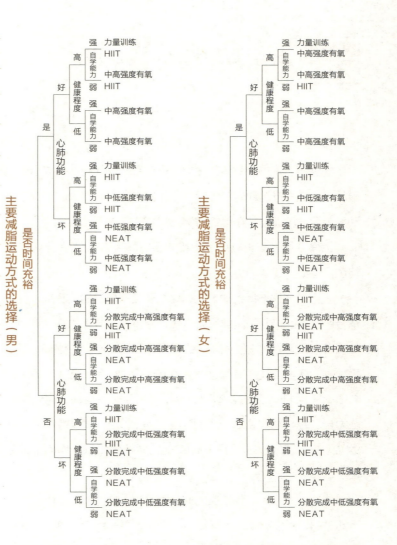

我给大家一共提供了7种运动方式：中低强度持续性有氧运动、中高强度持续性有氧运动、分散完成的中低强度持续性有氧运动、分散完成的中高强度持续性有氧运动、HIIT、力量训练，以及NEAT减肥法。

这 7 种运动方式，大家怎么选择，我设定了几种情况。大家根据自己的时间情况、健康程度、自学能力等最终确定自己的主要运动方式。注意，建议的是主要运动方式，不是所有运动方式，大家以建议的运动方式为主，自行可以安排一些其他形式的运动。

所谓分散完成的持续性有氧运动，就是在没有大块时间的情况下，把一定时间的持续性有氧运动分开做。比如每天计划跑步45 分钟，没有 45 分钟的整块时间，那就跑 3 个 15 分钟也可以。

其中的"健康程度"主要是看有没有关节问题、软组织慢性损伤、严重的心脏疾病等不适合高强度运动的健康问题。

这个表，大家要根据自己运动后身体的改变来随时调整。比如一开始心肺功能弱，选择中低强度有氧为主的运动方式；经过一段时间以后，心肺能力增强了，那么就可以重新根据情况选择。

运动时间方面，首先要根据自己的条件来，有的时候确实是没时间，也没办法。总的来说，理想的情况是每周通过运动消耗2000~2500 千卡热量。中等强度有氧运动，一般每周最好安排5 次以上，每次 45~60 分钟；低强度有氧运动，每周至少 5 次以上，每次 90~120 分钟。这都是粗略的估计。

因为 HIIT 和力量训练的热量消耗不好衡量，力量训练里面又涉及到一个肌肉恢复时间的问题。所以，如果使用 HIIT，一般需要每周 6 次，每次至少 20 分钟，才能看到明显的效果；力量训练，一般每周至少 3 次，每次 16~20 组，基本就可以了。

我给大家举个例子。之前给一个人做减脂运动计划，他的情况是：没有时间运动，平时在家要照看孩子，工作还特别忙；上午一般在家,下午去单位;心肺功能不错,健康程度中等,脚腕有伤,自学能力比较强,悟性很好。

所以,我给他安排了 HIIT + 力量训练 + NEAT 为主的减脂方式。

HIIT 在家做,使用固定自行车,最初是中低负荷,15 秒全

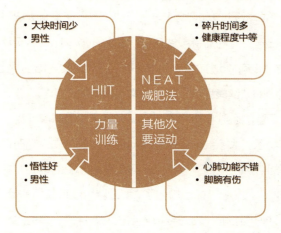

速 + 15 秒放松为一循环,重复 20 个循环,总耗时 10 分钟。每天上午,抽 3 个 10 分钟做 3 次 HIIT 训练。

力量训练每周 3 次,分别是胸、背、腿,每个部位 3 个哑铃或者徒手训练动作 ×4 组,负荷稍低,组间休息时间较短,每次训练只需要 15 分钟左右。

平时注意实行 NEAT 减肥原则。

这样的运动安排并不会占用多少时间,但是根据反馈效果还不错:运动配合饮食控制(饮食热量缺口也不大)第 9 周,减体重总计 7 公斤,总的来说在比较合理的范围之内。

健身房力量训练入门

这一节讲力量训练,针对的是力量训练零基础,进了健身房就手足无措的朋友们。力量训练对减肥有很多好处,但比较复杂,上手慢,入门难。

力量训练也叫抗阻运动。抗阻运动,顾名思义,就是对抗阻力的运动,比如我们举哑铃。有些人说,我拿个哑铃是对抗阻力,那拿瓶矿泉水算不算抗阻运动?虽然矿泉水也有重量也算阻力,但对大多数人来说,一瓶矿泉水的重量太轻了,所以它可以叫运动,但一般不叫抗阻运动。抗阻运动有一个要素——阻力必须足够大。用哑铃训练的不一定都是抗阻运动,只有哑铃足够重的时候,才是抗阻运动,或者叫力量训练。这一点大家必须明确,也就是说,想要获得上面讲的那些力量训练减肥的好处,我们做力量训练的时候,对抗的阻力必须足够大。

9/1 一次完整的力量训练课是什么样的?

那么使用多大的重量才叫力量训练呢?后面会详细讲。我们先让没有力量训练经验的新手了解一下,一次完整的力量训练是什么样的。

很多新手对力量训练的感觉比较朦胧,觉得力量训练就是举哑铃,一气儿举完,就算练完了。实际上力量训练,有自己的一个固定套路。一次典型的力量训练课都有哪些步骤呢?

去健身房做一节力量训练课有这么几个步骤:

* 第一步,选择训练部位。身上那么多肌肉,到底练哪儿,你要有个计划;
* 第二步,选择训练动作。确定要练哪块肌肉后就要选几个动作去练这块肌肉;
* 第三步,确定重量。这就到了使用多大重量的问题了。动作有了,你必须明确应该用多大重量去练这个动作,太轻没效果,太重也举不动,而且还增加受伤的风险。

假如,A男生今天打算练胸肌(选好了部位),选择了卧推器推胸(选好了动作),确定60公斤(选好了重量)。

接下来看 A 男是怎么做的。A 男选了 60 公斤的重量,但先用 40 公斤做了 20 次推胸,作为 1 组热身;休息 1 分半,再用 60 公斤做推胸,做 10 次做不动了,这叫 1 组;休息 1 分半,再用 60 公斤做了 2 组,每组也是 10 次,组间休息 1 分半。这样,他用 60 公斤做了 3 组正式训练,每组 10 次;加上之前 40 公斤做了 1 组热身,一共 4 组。这就是一次完整的胸肌力量训练课。

这里 A 男选动作只选了 1 个,如果选 3 个动作,也是用这个模式,依次完成 3 个动作。

我们能发现,力量训练是一组一组做的,不说练了多长时间,而是说练了多少组。组与组之间,还要休息一会儿。为什么要这么练,因为力量训练使用的负重都比较大,所以你只能一组一组地来,中间歇一会儿,让肌肉恢复力量。

9/2 力量训练七大基本要素

我给力量训练总结了七大基本要素:训练频率、动作、负荷、动作速度、次数、组数、组间休息。明确了这七大基本要素,我们就知道力量训练怎么练了。

* **训练频率**。就是每部分肌肉每周训练多少次。有人说,难道不是天天都练吗?一般不建议这样,因为力量训练强度太高,肌肉训练一次,要歇一阵子,给肌肉一个休息的时间,然后再进行第二次训练。以减脂为目的的力量训练,一般一个部位的肌肉每周训练一次就基本可以了,尤其是对于力量训练新手来说。

* **动作**。当然就是指训练动作。你要做力量训练，首先要想好练什么动作吧。比如A男练胸，就选了卧推器推胸一个动作。一般来说，以减脂为目的的力量训练，一个部位的肌肉，选择两三个动作练也就够了，不需要太多。关于动作，后面会详细讲。

* **负荷**。就是给肌肉多大的负重和载荷，也就是我们做力量训练时使用多大的重量。前面也说了，重量太小，就不叫力量训练，成有氧运动了。所以，有了动作，就该考虑这个动作用多大重量。比如A男推胸，使用的负荷就是60公斤。这个负荷该怎么选，很关键，我们也会在后面详细讲。

* **动作速度**。就是训练的时候，动作做得快还是慢，一般用每秒多少度的关节角度变化来表示。从增肌的方面讲，这个问题很复杂，但从减脂方面讲就简单了，一般中速就可以。中速又是什么速度呢？比如我们举哑铃，举起来1~2秒，放下也是1~2秒，基本就可以了。

* **次数**。力量训练是一组一组的练，每组做几次就是次数。其实力量训练每组的次数跟负荷是密切相关的，确定了负荷，每组的次数基本也就有了。还是拿举哑铃来说，使用的重量是10公斤，一次性只能做10个就再也做不起来了，那你每组的次数就是10次。想做多也做不到，往少了做一般没必要。

* **组数**。就是做多少组。刚才我们举的例子，A男练胸，一个推胸动作，正式训练做了3组。一般来说，以减脂为目的的力量训练，新手每个动作做3组比较合适，不多不少；有一定经验的，可以做到4组，但不建议做更多了。但大家注意，A男的例子里，他还做了1组热身，这个也很有必要，主要是有助于保证训练安全。一般来说，训练一个动作之前，最好先用比较轻的重量做1组同样动作来热身。

* **组间休息**。就是两组之间休息多长时间。如果是从增肌或者增长力量的角度来讲，很复杂。但针对以减脂为目的的力量训练，一般休息90~120秒就可以了。在例子中，A男每组间的休息是90秒。

力量训练七大基本要素中，动作、负荷是最重要的两个要素，接下来我详细讲一下这两个要素。

9/3 力量训练要素——动作

力量训练的动作那么多,该选什么动作往往是新手最头疼的问题。从减肥的角度讲,力量训练动作的选择有一个基本原则——首选固定器械的大肌肉群复合动作。

什么叫固定器械?所谓固定器械,是区别于哑铃杠铃这类自由器械来说的,就是放在那儿不动的器械。它的好处是安全而且容易上手,器械都是机械装置,运动轨迹也都是设计好的,基本上拿来就能用,你想乱做动作也做不了。

为什么要大肌肉群的训练?因为大肌肉群肌肉多,使用的肌肉体积大,训练时和训练后热量消耗就多,更有利于减脂。胸、背、腿、臀都属于大肌肉群。

什么叫复合动作?就是多关节的运动,做动作时很多关节一起活动。比如我们做深蹲,髋关节、膝关节、踝关节都活动,这就叫复合动作。复合动作一方面使用的肌肉多,有利于减脂;另一方面,对新手来说也相对比单关节动作更安全。以后大家自己选择训练动作的话,也要基于这三个原则——固定器械、大肌肉群、复合动作。

对于新手,我推荐针对胸、背、腿臀三个部位的一共9个动作。以减脂为目的的力量训练,甚至以增肌为目的的力量训练新手,把握住这9个动作基本也就够用一阵子了。

这9个动作不可能面面俱到。实际上只是教大家入门，门入好了，基本的框架搭好了，对力量训练和基本动作的本质就了解了，然后再通过多看视频、看书，慢慢抠细节，一步一步熟练这些动作，过渡到训练以后，相对来说就很容易了。这是从简到繁的学习方法。

首先说胸肌，我推荐三个动作：练习器夹胸、练习器推胸、哑铃飞鸟。这三个动作，大臂的运动轨迹其实都差不多，都是两个大臂在身体前侧靠拢。这是练胸肌的基本动作。

动作1：练习器夹胸

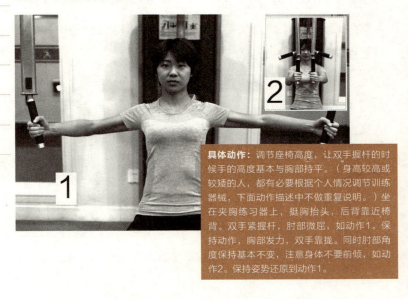

具体动作： 调节座椅高度，让双手握杆的时候手的高度基本与胸部持平。（身高较高或较矮的人，都有必要根据个人情况调节训练器械，下面动作描述中不做重复说明。）坐在夹胸练习器上，挺胸抬头，后背靠近椅背。双手紧握杆，肘部微屈，如动作1。保持动作，胸部发力，双手靠拢。同时肘部角度保持基本不变，注意身体不要前倾，如动作2。保持姿势还原到动作1。

这个动作要用到夹胸器。每个健身房里的健身器械品牌都不一样，外观也不一样。所以，大家去了健身房以后，如果找不到跟图片里一模一样的器械也不要着急，同一种器械，无论怎么设计，动作轨迹本质上都是一样的，比如夹胸器练习的就是两个胳膊往一块夹的动作。

背肌训练我推荐三个动作：高位下拉、坐姿划船、哑铃划船。

腿臀部训练我推荐三个动作：器械腿举、哑铃弓步蹲起、杠铃深蹲。

动作2：练习器推胸

具体动作：挺胸抬头，背部靠紧椅背。双肩打开，双手握牢推杆，如动作1。上身保持姿势，双臂向前推杆，到手臂基本伸直，如动作2。这类练习器的推杆宽窄不等。若双手握距较宽，则偏重训练胸肌；若握距较窄，则偏重训练手臂上的肱三头肌。

动作3：哑铃飞鸟

具体动作：仰卧于平凳上，双腿支撑地面，保持身体稳固。双手各持一只哑铃，双肘微屈打开，如动作1。双臂收拢，肘部基本保持弯曲（肘部也可以伸直，具体程度取决于相关小肌肉群的力量），如动作2。

动作 4：高位下拉

具体动作：上身正直，抬头挺胸坐在座椅上，双手握杆，双手距离比肩宽，如动作1。保持挺胸姿势，双手下拉杆，使杆基本接触胸部，如动作2。这个动作注意下拉时双肩打开，挺胸抬头，避免含胸驼背。下拉时上身可以微微后仰，但不要过于后仰。

动作 5：坐姿划船

具体动作：挺胸抬头，腰部挺直坐于椅上，双手握把手，手臂伸直，如动作1。保持上身姿势，双手向腹部拉把手，如动作2。做这个动作的时候，首先腰部始终要绷直，不能弓腰；另外，拉把手的过程中，新手习惯于上身向后仰，轻微后仰可以，但不可过度后仰。

动作6：哑铃划船

具体动作： 这个动作需要一个哑铃凳，如动作1，单腿屈膝跪在凳子上，另外一侧腿支撑地面。腰部保持挺直，单手握哑铃，手臂伸直。做动作时，沿着躯干拉起哑铃，哑铃基本收于腰间，如动作2。这个动作注意腰部始终要保持绷紧，支撑腿可以稍微向后站。

动作7：器械腿举

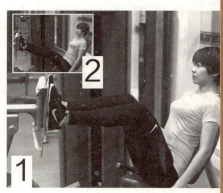

具体动作： 坐在器械上，挺胸抬头，腰部靠紧椅背。两只脚踩在踏板中央，与肩同宽。膝关节弯曲，基本呈90度，如动作1。发力慢慢蹬起踏板，至双腿基本伸直，如动作2。这类器械在设计上变化比较多，但总的动作轨迹都是不变的，使用时要根据不同的器械进行练习和熟悉。

双脚的位置，如果踩在踏板上方，则侧重于训练大腿后侧和臀部肌肉；如果踩在踏板下方，则侧重于训练腿部前侧肌肉。对于女性来说，可能比较希望在减肥的同时练出翘臀，那么双脚踩踏板的位置比较靠上更好。

动作8：哑铃弓步蹲起

具体动作：双手持哑铃，直立，双脚同肩宽，如动作1。向前跨出一步，屈膝，前腿大腿基本与地面保持平行，如动作2。跨出腿发力蹬地，还原至动作1，该动作完成。双腿交替跨出。跨步较大的话，对臀部和大腿后侧肌群训练效果更好；跨步较小的话，对大腿前侧训练效果较好。

动作9：杠铃深蹲

具体动作：这个动作需要一只重量合适的杠铃，可以利用健身房深蹲架训练。新手建议使用史密斯机来训练，这样更加安全，但不管用什么器械来训练，基本动作都是差不多一致的：杠铃置于肩上，双脚同肩宽，双手握哑铃，保持平衡，如动作1；腰部挺直绷紧，缓慢屈膝至大腿与地面基本平行，如动作2；双腿发力蹬起，还原至动作1，动作完成。
这个动作脚尖自然打开，跟膝关节方向基本一致。同时，下蹲时不要蹲得太低。

9/3 力量训练要素——负荷

力量训练里面另外一个基本要素——负荷,也就是使用多大重量的问题。

增肌训练,到底多大的负荷最好,目前还没有特别明确的结论,主流观点仍然认为是 8~12RM。但是我们的目的是减肥,所以不需要太纠结这个问题。我建议新手使用 20~25RM 的负荷比较好,虽然负荷大一些,可能减肥效果更好,但是危险性也大大增加。所以,如果要使用更大的负荷,需要一定的训练经验才可以。

RM 的意思,我前面解释过,就是最大重复次数。比如我使用一个重量的哑铃做一个动作,如果 1 组最多重复 8 次就没劲儿了,那我使用的这个重量就是做这个动作 8RM 的负荷。

我刚才建议,以减脂为目的的力量训练,新手使用的重量可以轻一点,一般是 20~25RM,也就是说,1 组只能做 20~25 次就做不动了。具备丰富的训练经验以后,尤其是男生,使用的重量可以重一些,一般是 10~15RM。练习胸、背,重量可以稍微大一点;练习腿臀,出于安全的考虑,建议重量稍小一些。

有人说,我怎么知道我每组能做 10 次重复或者 20 次重复的重量是多大呢?最简单的方法就是试一试。比如我们要做胸肌的练习器推胸,如果目标是用20RM的重量,那第一次做的时候,先估摸着给自己来个重量,推一下看看,1组能推多少个。超过20个,就加重量;少于20个,就减重量,直到刚好能做20个左右。这个重量我们要记住,下次训练,就用它去做。以后力量增长了,这个重量轻了,就进一步增加重量。

力量训练的七大要素给大家提供了一个宏观的大角度的力量训练全貌。除了动作这个要素是灵活的之外,剩下的要素以减脂为目的的话,都很简单,大家自己记住就可以。以后面对再复杂的力量训练,我们都能把握根本。很多人力量训练入门是从动作开始的,这很容易走弯路。因为动作是力量训练几个要素里最复杂的一个。从动作开始去理解和把握力量训练,人容易迷糊。

那力量训练怎么安排到平时的训练中去呢?胸、背、腿臀3个部位,每个部位的肌肉3个动作,每个动作4~5组(包括热身组),即练1个部位,总组数就是12~15组。动作熟练以后,总时间一般不超过半小时。这样,每周安排3次力量训练,每次1个部位也就可以了。体力好的同学,可以多安排,但一般来说不建议1个部位肌肉每周训练超过2次,因为必须给肌肉充分的恢复时间。

[1] 刘琴芳. 运动减肥的机制及运动处方[M]. 中国体育科技. 2002, 38(11):61-64.

[2] Tremblay A, Simoneau JA, Bouchard C, et al. Impact of exercise intensity on body fatness and skeletal muscle metabolism[J].Metabolism, 1994, 43(7):814-816.

[3] Major GC, Piche ME, Bergeron J, et al. Energy expenditure fromphysical activity and the metabolic risk profile at menopause[J]. Med Sci Sports Exerc, 2005, 37(2):204-212.

[4] Bryner RW, Toffle RC, Ullrich IH, et al. The effects of exercise Intensity on body composition, weightloss, and dietary composition in women[J]. J Am CollNutr, 1997, 16(1):68-73.

[5] Binzen CA, et al. Post exercise oxygen consumption and substrate use after resistence exercise in women[J]. Med SciSporExerc, 2001, 33(6):932-938.

"模块化饮食法"前篇——减肥你该吃多少?

第5章

章 / 首 / 故 / 事

以前吃不饱,现在吃不了的奇怪减肥法

小鹏(化名)减肥走过很多弯路。他靠过度节食减肥的时候,曾经2个月瘦30斤,每天饿得晕乎乎的很难受。但看着体重降下来,小鹏觉得很开心,他说自己在那段时间是痛苦并快乐着。但是,后来用了不到半年的时间,体重就反弹了,而且还是在有意识控制饮食的情况下反弹的,如果不控制,反弹的恐怕还要快得多。

在小鹏的概念里,减肥就是挨饿,不挨饿不可能减肥。但不管使用什么样的减肥方法,小鹏都会因为受不了长期挨饿而最终失败。有人介绍他阿特金斯减肥法,但这种减肥法使用后身体的不适感也让他难以坚持。

后来小鹏在我的课上接触了模块化饮食法。这种减肥法让他印象最深刻的地方就是不需要挨饿。不但不需要挨饿,而且因为模块化饮食法食材表里的食物热量密度都很低,每天饮食计划中规定的饮食最后往往还吃不完,人就已经很饱了。他减肥成功后,形容自己是一个"能吃撑的瘦子"。

小鹏给模块化饮食法总结了6条优点:营养均衡,方便实施,便于携带,容易坚持,不易反弹,以前吃不饱而现在吃不了。他说,最重要的是最后一条。

模块化饮食法是典型的慢减肥,减肥速度慢,不影响身体健康,而且容易保持。小鹏使用模块化饮食法后,给自己计划的减肥速度是每周减1斤(模块化饮食法可

以自己给自己精确地计划减肥速度），最后他的体重减轻基本上稳定在2个月降4公斤的程度，跟计划非常吻合，而且保持得很好，下去了就不会反弹。

虽然比不了之前的2个月30斤，但这是实实在在的减脂肪，而且最关键的，如此体重减轻的局面是在每天吃撑的情况下出现的！

小鹏使用模块化饮食法，给自己制订的热量缺口非常小，所以减肥速度比较慢，这是非常正确的理念。从使用模块化饮食法的情况来看，如果热量缺口安排得稍大，因为饮食结构非常健康的原因，体重减轻也是非常明显的。比如我的一个学生使用模块化饮食法3个月，体重从95公斤降到80公斤，体重下降很明显（实际上这个速度有点快了），并且在这个过程中他也没有明显挨饿的感觉。体重下降到80公斤时，他基本恢复了饮食，一个月体重稳定，没有反弹！

从我所了解的情况来看，使用模块化饮食法后，体重下降的速度平均每个月3~4公斤左右，这是非常合理的减肥速度。

NO.1 模块化饮食法,是一种什么样的减肥法?

我将会用本章和下一章的篇幅给大家讲解"模块化饮食法",这是一套完整并且简单易用的减肥方法,它是本书内容的中心。

模块化饮食法是我自己研发的一种"傻瓜"减肥法,使用者不用自己动脑子,不用自己操心,怎么吃、吃什么、吃多少,甚至怎么运动,都给你现成的选项,使用者根据自己的情况选择就可以,灵活度很高。

减肥,关键是吃。但是让减肥者最头疼的,往往也是吃。怎么吃,吃什么,吃多少,很多减肥者根本没概念。虽然饮食方面的基本原则大家都模模糊糊地知道一些,比如低脂肪、低添加糖、高蛋白等,但具体怎么吃,什么食物低脂肪,什么食物高蛋白,很多人依然是一头雾水。这就要查资料、找信息,很费劲;不但费劲,网上或者APP给的数据,很多还都不准确。

而且,就算知道了吃什么,那怎么搭配、每种东西吃多少还是个问题。所以,减肥怎么吃很复杂,很多减肥者减肥失败,都是因为饮食方面没有做好。

以往的减肥方法,一般是讲饮食原则,从宏观上告诉你怎么吃。具体的饮食,还要你自己来安排。这对于很多人来说完全不实用。还有一些减肥方法,给出了具体食谱,但是食谱几乎都是固定的,一份或几份食谱给所有人使用。

我们之前说过，这样的缺点首先是不精准。每个人的情况都不一样，身高、体重、性别、年龄都不同，运动量不同，每天的热量消耗也不同，一份或者有限的几份食谱不可能适合所有人。另外，每个人的口味不同，饮食习惯也不同，固定的食谱很难满足所有人。

减肥该怎么吃，不给食谱很麻烦，给了食谱又不合理，怎么办呢？

模块化饮食法就解决了这个问题，它直接告诉你该吃什么，给你提供现成的饮食计划，这样你就不用计算食物热量了；但模块化饮食法又不给你具体的食谱，而是给你一份包含我们日常所有的饮食大类、含有几百样食材的食材清单，你只要从清单里随意选择几份食材，组合加工就可以。一份食材就是一个模块，想怎么组合怎么组合，能组合出无数个食谱来。

模块化饮食法食材清单里列出的都是减肥应该吃的东西，而且考虑到了高蛋白、低脂肪、低添加糖的减肥饮食结构。这样就帮你解决了减肥怎么吃、吃什么的问题，完全不用你操心。

那么，模块化饮食法解决了减肥吃多少的问题吗？也解决了。

模块化饮食法食材清单里的食材都是一份一份的。每一大类里面，每一份食材的热量都一样，都是一个好算的整数值。所以，我们今天吃了多少热量，只要数数我们吃了几份食材就清楚了。

过去有一个减肥的女孩跟我说，去菜市场买东西，真希望肉啊菜啊不是按重量来卖，而是按热量来卖的。买肉不是买2斤肉，而是买200千卡的肉。这样的话，自己每天吃了多少热量，心里就有数了，多好。

模块化饮食法就帮你做了这件事。

模块化饮食法别看"傻瓜",但是非常精确。为什么?因为它会首先教你怎么简单计算自己一天的热量消耗,然后在选择食物的时候,根据自己每天热量摄入的多少来选,做到刚好吃的比消耗的少一点,进而减肥。

这种精确程度,跟实验室的程度其实差不多了。比如减肥打算每天只吃 1800 千卡热量的食物,那么你就可以在模块化饮食法食材清单里,按照 1800 千卡 / 天的标准相应地选择几份食材,最后饮食摄入的热量一点也不会多。而且因为食材种类多,每天可以不重样地吃。

模块化饮食法很简单,一共就三个步骤:

* 第一步,算出自己该吃多少热量,加减乘除几步计算就搞定;
* 第二步,按照这个热量值从模块化食材表里挑选若干份食材;
* 第三步,按照自己的口味加工食材。

简单三步完成模块化饮食法

下面我详细介绍一下模块化饮食法的三个步骤。

第一,如何计算每日的热量消耗。减肥无非就是要消耗的热量比吃下去的热量多,制造一个热量缺口,这样你就要靠消耗身体脂肪来填补这个缺口,人自然能慢慢瘦下来。所以,减肥必须先知道自己每天的热量消耗,才能知道自己每天该吃多少,确保吃的比消耗的少。

多数人减肥的时候,都是自己估计着吃,觉得已经吃得够少了,但一段时间后发现没有什么减肥效果,说明其实还是吃多了。或者干脆就使劲少吃,过度节食,结果除了伤身体,还会降低基础代谢率,丢失瘦体重,让以后减肥越来越难。一旦无法坚持了,脂肪很快就会反弹。

模块化饮食法需要先计算人的热量消耗,会不会很麻烦?其实一点都不麻烦,就是一个公式,算出基础代谢值,然后乘一个"活动因数",就是每天的热量消耗值了。加减乘除一共就计算几步,用不了一分钟。

计算热量消耗虽然简单,但意义重大。因为不了解自己热量消耗的减肥,永远是盲目减肥。

模块化饮食法第二步,就是把你算出来的每日热量消耗值,适当减少一些,制造一个热量缺口,剩下的就是你应该吃的热量。比如算出来你每天的热量消耗是 2100 千卡。那么你想减肥，肯定要摄入比这个少的热量。少多少呢？健康减肥，一般来说每天少 500 千卡就足够了。那么你每天就应该吃 2100 - 500=1600 千卡热量。只要你按照这个热量去吃，就能减肥，而且是健康减肥，不用担心过度节食。

很多人一听要按照饮食热量计算着吃，觉得很麻烦。尤其是中餐，不只是麻烦，还很难算得准。比如一盘鱼香肉丝，用的材料不一样，肉的肥瘦不一样，放油多少不一样，热量都会相差很多。

但是，一盘炒好的菜热量不好算，我们就算原料。把做一道菜使用了多少菜多少肉多少油加在一起，不就是这道菜的热量了吗？比如我们炒鱼香肉丝，一共用了 100 克胡萝卜、200 克瘦猪肉、10 克油，那么把这些原料的热量算出来，就是这盘菜的热量了。这会相对容易得多，而且也精准得多。

当然，原料在加工过程中，热量会有小幅的变化。比如煮、烤的方式，通常会使肉类的热量稍微减少些，因为这种烹饪方式会把一些肉里面的脂肪"煮出去"或者"烤出去"。但毕竟是热量减少，不是热量增加。所以若以减肥为目的，这一点误差是可以接受的。

大家可能会想，根据原料的热量算出一盘菜的热量，是很聪明的办法，但也需要知道每一种原料的热量啊。比如我们必须知道 100 克胡萝卜热量是多少，200 克瘦猪肉热量是多少，10 克油的热量又是多少，才能算出一盘鱼香肉丝的热量。还是麻烦。

所以我总结了这个模块化饮食法，就是把这个麻烦给大家省去了。

饮食法一模块化
前篇——减肥你该吃多少?

模块化减肥饮食就好像我们去吃一种特殊的自助餐。餐桌上摆着各种不同的食物，都是一份一份的。虽然多种多样，但有一个特点，每一份食物的热量都是一样的，比如都是100千卡。这样的话，不管我们吃哪一份食物，都摄入了100千卡热量。假如今天我们计划摄入1000千卡热量，那就不用再去考虑每一种食物自己的热量，不管什么食物，随便挑选10份就可以了。

进一步解释就是，在模块化饮食方案里，我把我们每天必需的饮食分成九大类，每一类都提供一份备选食材清单，清单里的每一份食材热量都一样，而且都是方便计算的整数热量。比如蔬菜类，我提供了几十种备选蔬菜，每一份的重量不一样（但都是很方便的整数克），但每一份的近似热量都是50千卡。这样，我们在选择蔬菜的时候，就不需要再去查每一种蔬菜的热量，而是根据自己的口味，随便选几份，比如3份，那热量就是150千卡。

分成的九大类包括：蔬菜、水果、坚果及种子、豆类、肉类、蛋类、奶类、主食、植物油，给大家做了一张食材表。我们使用这张表的时候，根据第一步算出来的饮食热量摄入要求，在这几类食材里分别挑选出几份，一凑就是一天的全部饮食。

比如，张女士算出来她减肥需要每天吃1550千卡热量，那么她就可以在食材表里，选1份350千卡的主食，作为早饭和午饭，选1份150千卡的主食作为晚饭，这就500千卡了；再选择4份50千卡的蔬菜，2份100千卡的水果，又400千卡；剩下650千卡，任意选择1份肉类，是200千卡，再选择1份坚果、1份豆类、1份奶类、1份蛋类，一共是300千卡；还剩150千卡，正好是3份植物油，炒菜的时候用。

这样，只需要从食材表里选出自己想吃的东西，每天的热量摄入就精确地控制住了，非常简单。

模块化饮食法第三步，就是用选择好的食材加工食物。比如今天想吃意大利面，我们就可以主食选择意大利面，蔬菜选择番茄、洋葱，肉类选择牛肉，再选一份植物油，这样一份意大利面食材就有了，而热量还在我们的精确控制之内。

有关热量消耗的那些事儿

实际上,就算我们不使用模块化饮食法,了解自己的热量消耗情况,也是科学、合理、健康减肥所必需的,这就好像每个人都必须知道自己穿多大码的衣服一样。

跟热量消耗有关的很多知识,对我们减肥都非常有用,这里有必要介绍一下。当然,如果想要直接知道怎么计算每天的热量消耗,可以跳过这一章。

人体的热量消耗都有哪些呢?其实就是三大块:基础代谢率(静息代谢率)、食物热效应、活动热消耗。这三大块在我们每天热量消耗中所占的比例是,基础代谢率一般最大,能占到每天热量总消耗的60%~75%;食物热效应一般占10%左右;剩下的部分就是活动热消耗。

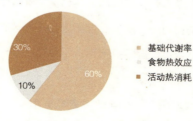

但是这个比例是因人而异的。对大多数不运动的人来说,基础代谢率所占的比例确实最大,但对于爱运动的人来说,活动热消耗所占比例可能就会大得多。比如一个马拉松运动员,每天训练会消耗大量热量,这样他的活动热消耗所占的比例就会大得多。

下面我分别解释基础代谢率、食物热效应和活动热消耗。

3/1 基础代谢率——躺着消耗的热量

很多人有种错误的理解,认为基础代谢率就是人一天基本消耗的热量,除了运动消耗的,都算基础代谢率。实际上,基础代谢率只是维持人正常生理活动所消耗的热量,而你一天,上班下班、喜怒哀乐、刷牙洗脸如厕、说话、打喷嚏、挠痒痒这类事情消耗的热量,都不算在基础代谢率里面。

基础代谢率就是维持人最基础的生理活动所需要的热量,简单说,就是让你活着的热量。

比如,人活着首先要维持体温,这部分热量消耗就算在基础代谢率里面。我们活着,心脏就要跳动,思维就要活动,内脏器官也要不停地工作,这些事情消耗的热量,都算基础代谢率。

所以我以前打过一个比方,如果人是一部手机,那么基础代谢率就是手机开着机,但不打电话、不发短信、不使用任何手机应用,待机所消耗的电量。

所以,有些人说,我的基础代谢率是 1800 千卡 / 天,就是说他一天什么都不干,也要消耗 1800 千卡热量才能存活。

另外我要强调一下,基础代谢率有个"率"字,所以其实是表示一个速率。严格地说,基础代谢率的单位是"每公斤体重 / 小时",或者"每平方米身体面积 / 小时",而不是千卡。也就是说,基础代谢率是告诉你每公斤体重每小时消耗多少热量。但我们习惯上，基础代谢率单位就是千卡。所以我们平时说的基础代谢率，其实就等同于"基础代谢值"这个概念了。

人的基础代谢率怎么测出来的？实验室里检测基础代谢率非常严格，是让被测试者12~18小时不吃东西，然后在代谢实验室里舒服地躺着，还不能睡着，要保持清醒；同时被测试者情绪要平静，不能生气，不能紧张，不能兴奋（这都会增加基础代谢率），不能说话也不能笑，身体要绝对放松，一动不动；测试间环境温度还要舒适，因为温度高低也会影响人的基础热量消耗。

这时候，用一个透明的头罩把人的头罩起来，测量人消耗了多少氧气或产生了多少二氧化碳，然后计算单位时间内消耗多少热量。因为人消耗热量，要进行氧化反应，消耗热量就要消耗氧气，产生二氧化碳。

所以我们这部分的标题叫"基础代谢率——躺着消耗的热量"，因为人一旦站着，那么肌肉就要收缩发力来稳定站姿，这样消耗的热量，就超出基础代谢率的范畴了。

有些人说，测基础代谢率这么麻烦吗？我去健身房机器上也能测出来啊。实际上健身房的机器是根本测不出基础代谢率的。

大部分人都觉得，上一台机器，机器开机运转，出来的数据就都是测出来的，都是准确的。健身房测的基础代谢率，虽然叫"测"，但其实是用被测者的身高、年龄、体重甚至体成分等数据算出来的（健身房的仪器测量体成分本身就不准确，以此为基础算出来的基础代谢率更成问题）。真正直接测定基础代谢率，就是我们上面讲的，必须去代谢实验室做严格的测定。大家千万不要迷信健身房"测"的基础代谢率，这样"测"的基础代谢率准不准就看用的是哪个公式，包括各种体脂秤"测"的基础代谢率也是算出来的。

　　我有一个减肥咨询者就犯过这种错误，她过度节食减肥，吃得很少。因为害怕自己基础代谢率下降，就去健身房"测"了一下，结果出来是"正常"。她很高兴，就开始放心地过度节食，结果减肥越来越难，后来即便已经吃得非常少了，人还是不瘦。因为她过度节食导致了基础代谢率降低。

　　基础代谢率，我们要记住它的英文缩写 BMR（Basal Metabolic Rate），这个词下面要经常出现。

3/2 什么决定了基础代谢率?

BMR 跟什么有关系?这是我们很关注的问题。如果能调高 BMR,相当于躺在床上也能减肥。

BMR 最主要的影响因素有 3 个:年龄、性别、瘦体重。总的来说,年龄越大 BMR 越低,男性比女性 BMR 高,瘦体重越大 BMR 越大。年龄、性别我们决定不了,但瘦体重我们能决定,这就是我们提高基础代谢率的最主要的途径。

瘦体重我们之前讲过,就是除去身体的储存脂肪后所剩的重量,主要是肌肉、骨骼、内脏器官、血液等的重量。错误的减肥,减少瘦体重,导致基础代谢率降低,对减肥非常不利。正确的减肥方式应该是增加瘦体重,让减肥越来越容易。

年龄方面,从人生命中的第 2 个 10 年开始,到第 7 个 10 年,BMR 每 10 年下降 1%~2%。什么原因呢?一般认为这跟瘦体重的减少、活动量的减少、衰老引起的代谢减缓、内脏和脑重量减少都有关。

性别方面，女性 BMR 明显低于男性。大家可能觉得这跟男女瘦体重有别有关，因为男性肌肉一般比女性多，女性脂肪一般比男性多。但有些研究发现，即便去掉了瘦体重的影响因素，女性的 BMR 还是要比男性低约 100 千卡/天。也就是说，女性的 BMR 就是低，说不清为什么。

瘦体重方面，很多人认为是肌肉的多少影响了 BMR，实际上内脏和器官的重量也是一个重要的影响因素。肌肉的影响比重只占 50% 左右。老年人和某些生病的人，内脏器官会萎缩，这对 BMR 就有不小的影响。

当然，脂肪含量跟 BMR 也有点关系。脂肪增多，BMR 也会有相应增大，这可能跟人体表面积的变化有关。胖人表面积比较大，散热较多，意味着身体需要更多的产热来维持体温。

3/3 影响 BMR 的其他因素

影响 BMR 的其他因素，总结一下，就是下面这张图。右侧箭头代表 BMR 升高，左侧箭头代表 BMR 降低。

* **运动方面**。抗阻运动，也就是力量训练能提高肌肉比例，自然可以升高BMR。规律性有氧运动训练能不能影响BMR现在还存在一些争议。但一般认为，进行规律有氧运动的人，BMR还是比不爱运动的人高，这种增高不受肌肉比例的影响。
* **体温**。有数据说，体温升高1摄氏度，BMR增加12%。其实上，生活在热带地区的人比生活在温带地区的人平均BMR高20%。这么想来，生活在热地方的胖子好像确实少些。那寒冷能不能提高BMR？其实也可以。寒冷环境里人体要消耗更多能量来产热，对抗体温下降。所以，比较冷和比较热

的环境都能升高BMR。

* **饮食**。严重节食和饥饿会降低BMR，饱食会提高BMR。网上爱说所谓"基础代谢受损"，其实就是说节食引起的BMR降低。人体会根据能量摄入状况调节基础消耗。能量不足时，人体自动降低代谢消耗，保证基本生命活动的能量供应；食物充足时身体的反应则相反。
* **伤病**。感染、外伤等过程中BMR会升高。
* **各种激素的影响**。甲状腺激素、皮质醇、儿茶酚胺、生长激素水平提高，BMR都会相应提高。甲状腺素和生长激素我们不说。皮质醇和儿茶酚胺都属于应激激素。情绪紧张、激动、兴奋时，这些激素的分泌一般会增加，BMR也会相应增加。有很多减肥药，就是利用这种原理。
* **烟酒**。酒精和尼古丁都可以提高BMR。数据称，3小时内吸4根香烟，BMR上升约3%；2毫克尼古丁可以使BMR升高4.9%。
* **咖啡因、茶**。喝含咖啡因的饮料可以提高BMR。有数据称，摄入200毫克咖啡因，BMR上升5%~8%；30分钟内摄入4毫克/公斤体重的咖啡因，BMR上升13%~15%。

另外，如果尼古丁和咖啡因联合使用，又抽烟又喝咖啡，BMR会明显提高。给予1毫克尼古丁和50毫克咖啡因后，BMR升高7.9%；2毫克尼古丁和100毫克咖啡因，BMR升高9.8%。

* **辣椒、胡椒等**。有些香料和调味品可以使人出现产热反应，升高BMR。有些减肥药里也有这些成分。
* **女性月经周期**。女性月经周期跟BMR的关系还有一定的争论。但一般认为，女性BMR在卵泡期最低，黄体期最高。大概相差100~300千卡/天。

另外，Lebenstedt 等发现，月经周期正常的女性（每年 12 个周期）比月经紊乱（每年 9 周期）的女性 BMR 明显要高约 111 千卡。Myerson 等又发现，闭经女运动员比月经紊乱的女运动员，BMR 明显降低。也就是说，月经越活跃的女性，BMR 可能越高。

以上是影响 BMR 的各种因素。至于 BMR 怎么算，我们为了思路整齐，放到后面去讲。

3/4 食物热效应

什么叫食物热效应？简单说就是吃东西引起我们身体消耗的热量。有人觉得奇怪，吃东西还会消耗热量吗？当然会，食物吃进去，消化、吸收、运输、储存等一系列过程，都要消耗热量。这就属于食物热效应。

食物热效应跟吃东西有关，吃不同的东西，食物热效应不一样。脂肪的食物热效应一般最低，只有 0%~5%，也就是说，吃进去脂肪，用在消化、吸收、运输、储存它们的热量，一般只占吃进去脂肪热量的 5% 以下。

碳水化合物的食物热效应要高一些，一般是 5%~10%。蛋白质的食物热效应最高，一般是 20%~30%。也就是说，我吃进去蛋白质，里面 20%~30% 的热量就会在吃进去之后被浪费掉。所以很多人都知道，蛋白质不容易胖人，这就是原因之一。

食物热效应还包括食物引起我们交感神经兴奋额外消耗的热量。吃东西也不仅仅是生理活动，享受美食，情绪变化，会造成一些额外的热量消耗。

3/5 活动热消耗

活动热消耗好理解,其实就是我们平时身体活动消耗的热量。但大家注意,很多人觉得活动热消耗就是运动时消耗的热量,比如跑步、健身。其实不对,活动热消耗包括有意识的运动消耗的热量,也包括平时身体活动所消耗的热量。比如我们平时上班消耗的热量,也属于活动热消耗;做饭、洗衣服、打扫房间、玩游戏、逛街等消耗的热量也算活动热消耗。其实这么说,除了躺着不动,其余的身体活动导致的热量消耗都属于活动热消耗。

体力活动	活动属性描述	代谢当量	热量消耗
自行车	16 公里/小时	4.0	4.0
自行车	16~19 公里/小时	6.0	5.9
自行车	19~22 公里/小时	8.0	7.8
自行车	23~26 公里/小时	10.0	10.0
跑步	走跑结合	6.0	5.9
跑步	慢跑	7.0	6.9
跑步	8 公里/小时	8.0	7.8
跑步	10.8 公里/小时	11.0	10.9
跑步	12 公里/小时	12.5	12.4
跑步	13.8 公里/小时	14.0	14.0
羽毛球	比赛	7.0	6.9
篮球	比赛	8.0	7.8
拳击训练	沙袋	6.0	5.9
足球	休闲	7.0	6.9

（续表）

网球	休闲	7.0	6.9
步行	5公里/小时	3.5	3.6
步行	7公里/小时	4.5	4.5
步行	爬山或攀岩	8.0	7.8
游泳	仰泳（一般速度）	8.0	7.8
游泳	蛙泳（一般速度）	10.0	10.0
游泳	蝶泳（一般速度）	11.0	10.9
游泳	自由式（快）	10.0	10.0
做饭	普通日常饮食	2.5	2.4
收拾杂物	包括搬动杂物	2.5	2.4
采购	站立	2.0	1.9
带小孩	坐着	2.5	2.4
带小孩	走、跑	4.0	4.0
桌面工作	如坐姿书写	1.8	1.8
上课	坐姿，包括书写、讨论	1.8	1.8

杨则宜译审．运动营养．北京：人民体育出版社

关于活动热消耗，我们在减肥的时候要建立一个概念，就是身体活动，甚至运动，其实消耗的热量很有限。虽然不能说，每个人做这些事消耗的热量都一样，但最起码有个参考意义，我们可以大致估算一下我们运动或者日常活动时能消耗多少热量。

所以，对于数据，大家不要太教条，这东西因人而异，是有差别的。上面这张表格的数据来自 Ronald J.Maughan 主编的《运动营养》，是根据 Montoye 等（1996）书中的附录修改来的，绝大多数是间接测热法的实测数据，相比于网上的数据，或者一些 APP 提供的数据权威和可信得多，毕竟是学术资料。

表中的"代谢当量"是什么意思？简单说，就是这种体力活动方式消耗的热量，是躺着不动的多少倍（这样描述不是很准确，

但基本是这个意思）。比如，代谢当量是 5，就是说，做这种体力活动比安静时多消耗 5 倍的能量。

需要注意，以一个恒定的速度跑步，消耗热量也很均衡。但很多复杂的活动中，每一个阶段的热量消耗都不一样，所以数据里面有些是平均值。所以大家别觉的奇怪，为什么很激烈的运动才消耗这么点热量。平均来看，就消耗这么点。

表中的"热量消耗"是用"千卡/小时/公斤体重"来表示的。比如我们想知道跑步消耗多少热量，查一下，8 公里/小时的速度，热量消耗是 7.8。意思就是说，每公斤体重每小时消耗 7.8 千卡。60 公斤的人，1 小时就消耗 468 千卡。代谢当量跟每公斤体重每小时消耗的千卡数基本近似。另外注意，表里的数据都是直接热量消耗，不包括运动后的消耗。

所以我们能发现，其实我们运动时直接消耗的热量确实不多，中速跑步跑 1 小时，可能也消耗不了 1 个汉堡的热量。

这里就涉及到一个运动减肥的原理了，我们顺便讲一下。

之前举过这个例子，想要减掉 1 公斤脂肪，普通身材的女性，要从北京慢跑到天津再折返一半的路程。单纯运动直接消耗的热量很有限。

但实际上我们都知道，减脂肪似乎并没有这么费劲。这是因为，一方面很多运动运动后也有减肥效果，另一方面，运动会引起人体生理生化环境发生变化，让我们变得更容易瘦。

当然，运动直接引起的脂肪消耗，或者运动后的脂肪消耗，仍然是运动减肥的核心因素。运动引起的身体改变，只是帮助我们减肥的一个辅助原因。

运动会怎样改变身体，帮助我们减肥呢？主要有这样几点：

* 运动使脂肪内脂肪酶活性增强。通俗地说，这样我们的肥肉里面的脂肪分解得更活跃。
* 有氧运动增加毛细血管密度，改善血液循环，有助于更多脂肪酸动员、运输和氧化。通俗地说，这样我们的肥肉分解后，就能更多地被运输到肌肉里燃烧掉。
* 肌肉纤维膜对游离脂肪酸的跨膜转运增加，也就是脂肪酸更容易进入肌肉细胞燃烧。
* 提高肉碱和肉碱乙酰转移酶，有助于脂肪酸的运输燃烧。
* 肌肉线粒体增多，体积增大。运动时脂肪的燃烧就在肌肉细胞的线粒体里，所以线粒体增多，体积增大，有助于运动时燃烧更多的脂肪。
* 肌肉细胞内脂肪氧化酶数量增多，同样有助于脂肪的燃烧。
* 运动引起瘦体重增加，提高基础代谢率。

规律的运动引起的身体变化还有很多，因为比较枯燥，我们这里不再列举。大家有个概念，规律的运动引起的身体变化能让我们在运动时直接消耗更多脂肪，这对减肥来说是直接有利的。高强度运动能提高基础代谢率，也能让我们平时不运动时的热量消耗增加。

每日热量消耗怎么算？

基础的知识都介绍完了，我们开始说每日热量消耗怎么算，这是模块化饮食法的第一步，也是最基础的一步。

想知道每日热量消耗的方法很多，最简单的就是用基础代谢率估算，这要求我们先知道自己的基础代谢率。虽然没条件去实验室测量基础代谢率，但我们可以用公式估算，但首先要知道，公式算出来的只是估算值——大范围来看比较准确，但具体到每一个人，估算出来的跟实际的值肯定有差别。但这种误差，在选择正确公式的情况下，并不会影响减肥效果。

计算基础代谢率的公式非常多，这些公式都是用一部分人的实际数据推导出来的。所以，每个公式算出来的结果都不一样。选择一个好的公式，对估算准确的基础代谢率非常重要。

网上计算基础代谢率，用的一般都是西方人实测数据推导出来的公式。比如现在用得比较多的是 Harris-Benedict 公式，这个公式算出来的值一般比较高，可能不适合中国人。

今天我给大家介绍一个可能更适合中国人的公式——毛德倩公式。毛德倩公式适合 20~45 岁的人使用，非常简单，只需要一个体重数据就能算出来。这个公式是毛德倩等人用 400 个中国南方人和北方人的实测数据作为基础推导出来的。因为数据既有来自于北方人的也有来自与南方人的，所以对中国人来说可能普遍适用性更强。

但这个公式计算基础代谢率，适合 20~45 岁的年龄段，年龄超过 45 岁的，算出来的结果就不一定准确了。但不准确也不是说能差到天上地下，对于我们减肥来说，其实影响并不大。所以，超出这个年龄范围的人，仍然可以使用毛德倩公式。

毛德倩公式（W=体重，单位为公斤）：

基础代谢率 = 男：（48.5W+2954.7）/4.184

女：（41.9W+2869.1）/4.184

知道了基础代谢率，乘上一个"活动因数"，就算出每日热量消耗了。活动因数是什么概念？就是一个人的活动量大小。办公室工作的活动因数就小，体力劳动的活动因数就大，如下表，我们需要根据自己的情况，找出相应的数字。

生活方式	职业或人群	活动因数
休息，坐卧为主	不能自理的老年人或残疾人等	1.2
静态生活、工作方式	办公室职员或坐着工作的职业从业者	1.4~1.5
坐姿生活方式为主，偶而活动	学生、司机、装配工人等	1.6~1.7
站、走为主的生活方式	家庭主妇、销售人员、服务员、接待员等	1.8~1.9
重体力生活或工作方式	建筑工人、农民、矿工、运动员或运动爱好者	2.0~2.4
有明显体育活动（每周 4~5 次，每次 30~60 分钟）		+0.3

具体怎么算，给大家举个例子。

Abby 年龄 28 岁，体重 49 公斤，是办公室职员，平时不运动，那么她的每日热量消耗大概是多少呢？

我们先算基础代谢率。把体重代入公式，算出来是 1176 千卡/天。因为 Abby 是办公室职员，平时没有运动，那么她的活动因数是 1.4。乘以基础代谢率，她的每日热量消耗大约就是 1647 千卡。

如果 Abby 有运动，比如每周 6 天，每天 45 分钟慢跑，那么她的活动因数大致增加 0.3，最后算出来的每日热量消耗大约是 1999 千卡。

就这么简单，一个人的每日热量消耗就估算出来了。

最后要强调一下，因为我们计算每日热量消耗，目的是减肥，所以大家估算活动因数的时候，哪怕稍微低一点，也一定不要高估。运动方面，每周 4~5 次，每次 30~60 分钟运动，活动因数增加 0.3。这一般要求进行的是中等强度的运动。如果运动强度过低，则应该根据情况来区别对待。比方说，若低强度运动，如步行，那么运动时间就要 2~3 倍于 30~60 分钟，才能把活动因数增加 0.3。

"模块化饮食法"后篇——如何利用模块化食材表？

第6章

|章|首|故|事|

减肥时他终于有了"掌控感"

Lin 以前减肥，觉得最难的地方就是缺乏对进食的掌控感。

Lin 说，很多人减肥都是这样，知道应该少吃，但是今天到底吃了多少，心里没数。大多数人的心理就是"差不多吧""估摸着吃多了""大概不能再吃了吧"。饮食结构方面，知道该少吃油，少吃添加糖，多吃蔬果，多吃粗粮，但是到底每一样该吃多少，自己还是不知道，都是靠"蒙"。

都说减肥应该高蛋白饮食，高蛋白饮食就要吃肉，但是考虑到控制脂肪摄入量，必须要吃低脂肪的肉。而哪些肉是低脂肪的，大多数人心里也没数。

所以，减肥怎么吃，原则即便大家都知道，但在吃东西的时候，大多数人还是靠估计。这样，减肥的人心里总是揪着，吃东西不踏实，就怕吃错了，吃多了，减肥变得很累。

如果想要精确控制减肥饮食，就只有计算每一种食物的热量，并且知道每一种食物中，蛋白质、脂肪、碳水化合物的含量。但这样完全不现实，而且会比以前还累。

后来 Lin 进了我的减肥班，使用了模块化饮食法，他说他终于找到了减肥饮食的"掌控感"！他把模块化饮食的食材表打印出来贴在冰箱上，每天早上起来，首先在表里选好今天一日三餐的所有食材，这一天该吃什么东西，有多少热量，都在控制之中了。剩下的事很简单，放心去吃就好了，自己吃了多少，心里完全有数，非常踏实。

Lin 说，饮食结构方面也不用担心，表里已经建议好了。哪类食物最多吃几份，哪类食物最少吃几份，已经给出明确的建议，这样只要使用模块化饮食表，就不会出现饮食结构不合理的情况。

模块化饮食食材表里的高蛋白质食物也都是低脂肪的，可以放心吃。而且，不适合减肥期吃的东西，模块化饮食食材表里都没有。最重要的，能如此精确地控制饮食，自己还完全不用计算每一种食物的热量，也不用操心每一种食物里面的营养成分，模块化饮食食材表都给做好了。

掌控感！这就是 Lin 感受到的模块化饮食法的最大魅力。他还说，模块化饮食法还让他有一个大收获，就是饮食营养方面比以前全面、均衡多了。模块化饮食法要求每天九大类食物必须都吃，而且配比方面也考虑到了，所以营养非常均衡，不但能减肥，还能保健，一举两得。

NO.1 "模块化饮食法"如何制造热量缺口?

模块化饮食法一共分三个步骤。首先算出自己每天该摄入多少热量,然后在食材表里按照这个热量来挑选一天的食材,最后根据自己的口味加工食材就可以了。

少吃,是要制造一个热量缺口,但这个热量缺口多大才合适,是很重要的一点。热量缺口太小,无法保证减肥效果;热量缺口太大,容易造成过度节食,不但不健康,还有可能导致基础代谢率下降,丢失瘦体重,让以后的减肥越来越难。

一般来说,减肥的合理速度是体重丢失控制在每周1公斤以内。所以,假设这1公斤的体重丢失都是脂肪的话,那么每天的总热量缺口,应该在1000千卡左右。

为什么是1000千卡?一般认为,人体内1公斤的脂肪储存着7000~7700千卡热量(每克纯脂肪的热量是9千卡,但人体脂肪内还有一些非脂肪物质,比如约10%的水分),所以,每天1000千卡的总热量缺口,一周大概刚好减少1公斤脂肪。

这1000千卡是每日的总热量摄入和总热量消耗之间的差值。也就是说,总热量摄入比总热量消耗少1000千卡。所以,这1000千卡包括"少吃的",也包括"多动的"。我们通过饮食少吃一些东西,同时通过运动多消耗一些热量,加起来是1000千卡就可以。

这样的话，我们可以来个"五五分账"。饮食上，每天少吃500千卡热量；运动方面，每天增加500千卡左右的运动消耗就可以了。如果单纯靠饮食控制减少1000千卡热量，要少吃很多东西，这样就增加了坚持下去的难度，也容易导致营养摄入不足。

每天少吃500千卡，多运动500千卡，每周减少的脂肪大概是1公斤，这个速度基本是健康的减脂速度的极限了，再快就不健康并且难以保持了。但是，如果有的朋友需要短期减肥、临时减肥，要提高减肥速度，那么模块化饮食法也能做到，只要把热量缺口做大一点就行。

这就是说，模块化饮食法不仅仅是一种健康的慢减肥方法，也可以临时用做短期快速减肥方法来使用，就看你热量缺口做得多大。所以，模块化饮食法是一个非常灵活的减肥方法，减肥速度完全可以自己掌握。而且，它能让减肥者自己掌控热量摄入，所以最后的失败率很低，因为你清清楚楚知道自己吃了多少热量。

我们再次强调，除非极特殊的情况下需要临时快速减轻体重，否则每日的总热量缺口不建议超过1000千卡，饮食上，每天少吃500千卡就足够了。

还用上一章Abby的例子。她每日热量消耗是1999千卡，近似为2000千卡。那么在饮食上，建议她每天最多减少500千卡的热量摄入，也就是只吃1500千卡的食物。

因为Abby体重并不高，所以减肥的要求不是非常紧迫。考虑到健康减肥的因素，她每日的热量摄入减少300千卡就可以了；运动方面，在现有的运动基础上，再增加平均每天200千卡的热量消耗，那么她每天的总热量缺口就是 500 千卡左右。这样，每周减少的脂肪约为 0.5 公斤。对于她的体重来说，就是一个非常健康的减脂速度。但如果 Abby 没有时间再安排其他运动，则饮食热量缺口可以设定为 500 千卡，也能达到同样的减肥效果。所以，模块化饮食法选择热量缺口的时候，很灵活，完全可以根据自己的情况来安排。

关于热量单位的误区

这里要说一下热量单位的问题。很多人搞不懂热量的单位,什么是卡、千卡、焦、千焦,这里集中说一下。

习惯上,我们描述食物的热量单位是卡路里(Calorie),1卡路里简称1卡。1卡有多少热量?只能把1克水提高1摄氏度。1卡热量很小,所以我们平时喜欢用"大卡",大卡就是千卡(KCal)。1千卡热量有多少?就是把1升水升高1摄氏度需要的热量。

所以,有些书不区分小卡和大卡,都叫卡,是不准确的,两者相差了1000倍。我们本书中描述食物热量和人体热量消耗,都用千卡。大卡这个词我一般不用。

还有些地方用"千焦"(KJ)作能量单位,其实更"正统"。千焦和千卡怎么换算?大家记住,1千卡=4.184千焦。

虽然模块化法饮食不需要我们计算食物热量,但是作为一个知识点大家不妨了解一下。我们现在算食物热量,都知道1克脂肪=9千卡,1克蛋白质=4千卡,1克碳水化合物=4千卡。这个系数叫"阿特沃特系数"。关于阿特沃特系数,我们应该知道两件事:

* 这个系数实际上是个平均值,不是所有脂肪的热量都是9千卡。比如按照美国权威的食物能量数据,肉蛋类中的脂肪,热

量高一点，大概是9.03千卡；植物中的脂肪热量低一些，大概是8.37千卡。蛋白质和碳水化合物，情况也类似。比如都是碳水化合物，葡萄糖的热量其实就比淀粉低。

* 这个系数是食物在体内提供的净能量值。食物在体外燃烧，热量还要更高。比如蛋白质，在弹式热量计里燃烧，平均热量是5.56千卡/克；吃到肚子里，就只能提供平均4千卡/克的热量，因为食物在体内消化、吸收、氧化，总会有能量损失。

NO.3 一份完美的食材表

说了这么多,模块化饮食法的食材表该跟大家见面了(见插页)。

这份食材表将每天应该吃的食物分成了九大类:蔬菜、水果、坚果及种子、豆类、肉类、蛋类、奶类、主食、植物油,还有一类叫"酒精/快餐",这不是我们每天必须吃的东西,这一栏的数据怎么用,我们一会儿讲。

还有一大栏是"运动模块",我们每天怎么运动,其实模块化减肥里也给出了方案。如果大家不知道减肥该怎么运动的话,在里面选择几份运动模块就可以了。

每一类食材里面,都有少则十几种多则几十种的食物。下面拿水果为例,教教大家怎么使用模块化食材表。

（每份食物热量约100千卡）

水果 至少两份

热量:100千卡/份

名称	每份带皮带核重(克)
苹果	250
梨	250
桃	250
李子	200
杏	200
樱桃	250
葡萄	250

（分量为毛重,省事）

（建议了食物份数,有助于调整饮食结构）

左侧写着"水果至少两份"。模块化食材表中有不少食物大类都有规定的份数。有的建议多吃,有的建议少吃。

规定份数,可以限定一个利于减肥的饮食结构。比如水果、蔬菜应该多吃,规定了每天至少吃几份;肉类、坚果、食用油之类的,不建议吃太多,就规定了每天只限几份。

按照规定份数来选择食材,整体上就是低脂、中高蛋白、中高碳水化合物、多水果蔬菜粗粮的饮食结构,这样的饮食结构非常有利于减肥。很多人减肥的时候,也希望按照这个原则来调整自己的饮食结构,但自己去调很麻烦,模块化饮食在食材表上已经提前做好这个工作了。

再看食物栏上端"热量:100千卡/份",这表示"水果"这一栏食物,你不管选哪一份,热量都是100千卡左右(一般只会低不会高)。每一种食物,一份就是一个饮食模块。这就是模块化饮食法的灵魂,减肥者可以方便地自己选择并且搭配食物,并且热量都在掌控之中。

右侧一栏的数字是每一份食物的分量。我们标记着"每份带皮带核重",也就是说,这些食物的分量都是毛重。这样的好处是我们不需要去皮去核再称重,直接从水果店、菜市场买回来多重就是多重。

接下来介绍一下模块化饮食表里的食物类型。

* **水果**。选入模块化饮食表里的水果一般满足两个条件。首先是购买方便,都是我们常吃的水果;其次,高热量的水果,比如榴莲、大枣、牛油果等,里面都没有。很多减肥的人吃水果,知道有些水果热量也不小,不建议减肥的时候吃,但

是具体是哪些水果心里却没数，使用模块化饮食法不需要操心这些事。

* **蔬菜**。蔬菜也都是常见品种，并且高热量的蔬菜同样没有入表。蔬菜是带皮的重量，也就是菜市场买的时候是什么样就什么样，是按照这个分量来计算的。

* **肉类**。肉类表中都是低脂肪肉类，比如没有猪肉。因为即便是瘦猪肉，其脂肪含量还是太高，不适合减肥的时候吃。肉类表里面的分量是带皮带骨的分量，比如鱼肉，就包括鱼头和内脏等不能吃的部分。带壳的，比如田螺之类的可食部分比例非常小，所以大家看见1份1公斤多别害怕，分量主要在壳上。

* **蛋类**。鸡蛋1个算1份，鸡蛋清4个算1份。为什么单独给蛋清？因为蛋黄的脂肪含量太高，减肥的时候如果全蛋吃得太多，脂肪摄入也不容易控制。而鸡蛋清是非常好的蛋白质来源，能提供很好的饱腹感，减肥的时候可以适当多吃。鸡蛋，全蛋的话每天只限2份，也就是2个全蛋。蛋清则不限量。

* **奶类**。脱脂奶没有脂肪，所以热量低。但是脱脂奶脱去脂肪的时候，把溶解在脂肪里面的脂溶性营养素也丢失了，所以在营养方面不如全脂牛奶。大家在喝牛奶的时候，建议可以全脂脱脂交替着喝。另外，因为牛奶、酸奶的热量密度低，奶类不限份数。

* **豆类**。豆类中黄豆及其某些豆制品的热量比较高，因为脂肪含量较高，所以豆类也限制每天最多3份。

* **坚果及种子**。坚果的营养价值很高，能给我们提供大量维生素E、不饱和脂肪酸等。但是坚果因为脂肪含量高，热量也比较高，所以每份的量都很少，而且每天最多吃2份。这样既能满足我们对坚果营养的需要，也不容易导致热量超标。

* **主食**。主食的选择，一方面，在种类上突出粗粮和薯类，另一方面也兼顾了加工食物时的灵活性。也就是说，大米、白面还是要有，这样，在使用模块化饮食法时，很多食物就都能做了。

  所以，主食分成两类，A类主食热量比较高，但是包括面粉和大米，比如想吃饺子，用模块化也能做出来；B类主食热量比较低，适合早晚餐或者加餐的时候吃。

* **植物油**。植物油是5克一份，每天限制3份。其中炒菜，橄榄油最好；冷调，其他的植物油都可以。

* **酒精／快餐类**。这部分食物当然是不鼓励吃的，但谁都难免有个应酬喝点酒，或者图省事偶尔吃次快餐。喝了酒，吃了快餐，想弥补，就必须知道自己大概吃进去了多少热量，接下来安排饮食的时候，可以把这部分热量减出去。所以这里也给出了常见的酒精饮料和快餐的热量。

* **运动模块**。运动也是一份一份的，每一份的热量消耗，对大多数人来说，都是300~400千卡。但运动方面的热量消耗，跟体重有关，所以没办法做出一份能精确适用于所有人的数据表。运动模块里面，是按照60公斤的体重来估算的。比这个体重轻的人，运动时消耗就少一些；重的人，运动时消耗就多一些。但除非轻很多或者重很多，否则差别也不大。

过去有不少人问，说模块化饮食需要考虑每个人对食物的消化吸收率吗？我们这里也强调一下，这个其实不需要。

很多人都有一种误区，认为有些人胖，是"消化太好"，有些人瘦，是"消化不好"。实际上，健康人对具体食物的消化吸收能力都差不多，没有太大差别。

不同的食物其消化率都不一样，不同的研究给的数据也有差别。一般来说，混合膳食中碳水化合物的吸收率最高，为97%~98%左右，脂肪约为95%，蛋白质最低，大约是92%。

所以，拿碳水化合物来说，绝大多数人都能消化吸收其中的98%左右，就算消化再"好"，也不可能再多消化吸收多少热量。所以很多人说的胖就是消化太好，其实完全没有道理。

不过，这个数据也是平均值。如不同形式的糖类，吸收率也都不一样。蛋白质根据来源不同，消化吸收率变化很大，比如豆类蛋白质消化率只有78%左右，动物蛋白质就要高得多，肉蛋类一般能达到97%。食物能量的总体利用率还是很高的，包括我们无法直接消化的膳食纤维，我们都能通过肠道细菌转化成脂肪酸来吸收其中一部分能量。进化赋予了我们对能量"斤斤计较"的能力。

模块化饮食法里面的食物热量，都是已经考虑过消化率之后的热量了。

NO.4 模块化饮食法具体如何使用？

我们用一个真实的案例来说明模块化饮食法的使用。

下面是 Amy 使用模块化饮食法的一份具体食谱。Amy 是家庭主妇，带着一个不到 3 岁的小孩，日常生活以站、走为主，所以每日热量消耗比较大。她做完饮食热量缺口之后，每天计划的热量摄入是 1965 千卡，近似值 2000 千卡。

明确了 2000 千卡热量的摄入量，Amy 是怎么使用模块化食材表的呢？下表是 Amy 某日的模块化食材计划。

食物种类	具体食物	食物热量（千卡）
主食	B类主食燕麦片1份、意面1份、玉米粥1份	150+350+150=650
水果	葡萄1份、木瓜1份	200
蔬菜	洋葱1份、秋葵1份、西兰花1份	150
肉类	鸡胸肉1份	200
蛋类	全蛋1份、蛋清1份	200
奶类	全脂牛奶1份、酸奶1份	200
豆类	豆浆3份	150
坚果、种子	核桃仁1份、杏仁1份	100
植物油	橄榄油1份、亚麻籽油2份	150

我们能看到，这一天吃的东西还真不少，所以说很多使用模块化饮食法的人给自己制订了食谱，不担心吃不饱，而是担心吃不完。但是，这么多的东西，热量却可以精确地控制在 2000 千卡以内。

我们来看看 Amy 是怎么用这些食材加工成一天的食物的。

早餐：B类燕麦片1份，核桃仁1份打碎，全脂牛奶1份，全蛋1份。
上午加餐：酸奶1份，蛋清1份（提供饱腹感）。
午餐：洋葱1份+鸡胸肉1份+意面1份+橄榄油1份=洋葱鸡胸肉意面。
下午加餐：葡萄1份，杏仁1份。
晚餐：秋葵1份+西兰花1份+亚麻籽油1份=凉拌菜，玉米粥1份，木瓜1份。
平时：豆浆3份当水喝。

Amy使用模块化饮食后，减肥就再没有挨过饿，但是减肥的效果非常好。头一个月体重减轻3.5公斤，脂肪减少明显；第二个月体重减少2.5公斤，达到了预期体重；第三个月增加了力量训练，体重稳定，但皮下脂肪厚度减少了1.5厘米（腹部）。

使用模块化食材表选择食物，需要注意几点：

* 九大类食物中每一类都必须选。光选蔬菜水果，不选主食，不可以。这是为了饮食健康，营养均衡的考虑，也是为了保证完整的减肥饮食结构。

* 选择时，可以先在九大类食物里根据要求的份数，逐一选择出自己今天喜欢的食物，然后加一下热量，如果不够或者超量了，再做微调。

* 有很多人反映按照模块化饮食法来吃，食物太多吃不完，还没吃够每天的规定量就饱了。在这种情况下，也不用硬把每天的量吃完，可以适当减少一些量。但是，量减少，食物的种类尽量不要减少，最好还是能每种食物都吃一些。

* 加餐可以多选鸡蛋清，鸡蛋清几乎只有蛋白质和水分，是非常好的蛋白质来源。蛋白质可以提供饱腹感，有助于两餐之间控制饥饿感。

NO.5 模块化饮食法有哪些好处？

我们说一下模块化饮食法的好处。

1. 饮食热量摄入准确。

模块化饮食食材表里的食物，热量的估算都比较保守，按照这个食材表来选择食材，热量摄入一般只会少不会多。比如水果，每份近似热量是 100 千卡。但实际上这里面的水果，绝大多数热量均略低于 100 千卡。

食材表里只有个别数据，每一份的热量稍高于表中所标示的热量，但这点误差很容易被其他食物均衡掉。

2. 省事。

不用单独计算食物热量，就能完全掌控每日的热量摄入。

3. 营养均衡。

因为规定了九大类食物，每日的饮食必须都包括，所以营养均衡全面，不但能减肥，对健康还有好处。不像平时很多减肥方法，在营养构成上或多或少都存在不均衡的问题。比如备受争议的阿特金斯饮食法，他的营养结构就非常不均衡，所以在减肥的过程中，对健康是有潜在危害的。这也是营养学界普遍不接受阿特金斯减肥法的一个重要原因。

很多人在使用模块化饮食法之前，营养方面根本没有这么全面，经常只是吃很少种类的食物，或者用快餐解决问题。模块化饮食法不但帮助他们减肥,而且也帮助他们完善了饮食营养。

关于营养均衡,有些人可能不以为然,认为我每天多少吃点水果蔬菜就差不多了。或者说哪怕每天的食物都一样,只要有肉有菜有粮食,不就行了吗?实际上可没那么简单。

均衡足量的营养,需要多样化而且足量的饮食。一种或几种食物里面不可能包含我们所需要的所有营养。我给大家举个例子,比如膳食黄酮,或叫植物黄酮,我们觉得就是一种营养,其实这是非常复杂的一个营养大类,目前一共发现有6000多种,统称叫生物类黄酮。

类黄酮主要有六类,包括 花青素、黄酮醇、黄烷醇、黄酮、黄烷酮和异黄酮。是植物多酚的一个亚类。

* 花青素在自然界中大概发现了400多种。花青素含量高的食物有樱桃、萝卜、甘蓝、红色洋葱和红葡萄酒(50~150毫克/百克)。但花青素不稳定,在食品加工过程中容易被破坏。
* 黄酮醇是存在最广泛的一类类黄酮。富含黄酮醇的蔬菜有椰菜、甘蓝、韭菜和洋葱(15~40毫克/百克),苹果、蓝莓、葡萄和番茄中也含有黄酮醇,但主要存在于水果的果皮当中。
* 黄烷醇主要存在于水果和种子中。苹果、杏和红葡萄酒(2~20毫克/百克)是其很好的来源。
* 黄酮主要存在于芹菜和谷类食品中(20毫克/百克),欧芹的黄酮含量最高(635毫克/百克)。
* 黄烷酮主要存在于柑橘类水果中(15~50毫克/百克),皮和膜部分含量最高。
* 异黄酮主要存在于大豆类食品中。异黄酮在加工过程中非常

稳定，所以它们在豆制品中含量很高。

类黄酮能起到杀菌，或保护植物免受摄食者伤害，或应对环境压力的作用。比如花青素就有为植物屏蔽过强紫外线的功能。

人类想要健康，也缺不了这种东西。

现在已知的类黄酮可能具有的功效有以下几点：

* 抗氧化。关于类黄酮抗氧化的效果，很多研究结果是矛盾的。这可能跟受试者本身的健康程度或氧化应激状态不同有关。剔除一些干扰因素后，发现类黄酮的抗氧化能力跟其他膳食抗氧化剂相比作用并不大。所以，类黄酮的抗氧化能力可能没有传说中那么神乎其神。但是，类黄酮如果和其他抗氧化成分（如维生素C、维生素E）协同，可能会显著提高它们的抗氧化能力。类黄酮可能有跟其他一些抗氧化成分相互修复、节约抗氧化剂、增加循环利用的作用。所以，类黄酮对我们机体抗氧化还是非常重要的。

* 类黄酮对心血管疾病具有一定预防和治疗效果。比如黄烷酮有降血脂的作用。富含类黄酮的可可、葡萄汁和红葡萄酒能抑制血小板聚集和改变出血时间，因此具有抗血栓的作用。实验还发现红茶、可可、红葡萄酒和大豆中的类黄酮能舒张血管，改善血管功能。

* 关于类黄酮预防癌症的功效，目前的研究好像还没有得到一个一致性的结论。但有些研究数据还是值得关注的。比如有一项针对9959名调查对象、周期24年的芬兰健康调查数据显示，摄入类黄酮多的人，相对于摄入少的人，肺癌发病率明显下降。针对27110名芬兰男性的为期6.1年的跟踪调查也发现了类似的结果。

* 类黄酮可能对一些神经退行性疾病有预防作用，比如很多调

查研究发现，类黄酮摄入量高的人患老年痴呆症的风险低。
* 异黄酮跟雌激素结构相似，因此它在预防骨质疏松方面有潜在的功效。
* 类黄酮还有潜在的抗炎症效果。

所以，膳食黄酮对我们保持身体健康可能非常有好处。但膳食黄酮种类很多，本身就分六大类，所以如果没有多样化的饮食，很难做到足量摄入。我们健康所需要的营养素，远不止膳食黄酮这一类，所以，均衡足量的饮食非常重要。

4. 量合理。

模块化饮食法按照最低份数要求选够九大类食物后，最低热量是 1200 千卡（注意，主食虽然分 A 类、B 类，但都属于一类食物）。有些女孩子减肥，每天吃的比 1200 千卡还少，这对身体健康是很不利的。其实据很多权威机构的建议，对绝大多数女性来说，每天 1200 千卡是热量摄入的最低限，低于这个热量，就无法保证基本的健康。

5. 饮食结构合理。

减肥饮食应该少油、少添加糖、足量碳水化合物、中高蛋白，模块化饮食食材表里，把不符合此原则的食物事先已经剔除了。比如肉类里面，就不包括高脂肪肉类，推荐的都是利于减肥的低脂肪的健康肉类；表里面只有"坚果及种子"的脂肪含量比较高，但为了保证基本的营养需要，坚果和种子必须有，只不过做了份数限制。

6. 自由度高。

因为备选食材有上百种，所以基本可以满足大多数人的口味，选择的余地非常大。这就比任何单一的减肥食谱更好，起码口味上不会单调。比如，我们想包饺子，使用模块化饮食法也能做到，并且可以精确控制热量。我们把面粉、油、菜、肉各样选择若干份，一计算就可以了。

当然，模块化饮食法也有缺点，比如它必须要自己做饭才可以使用，吃食堂的话就不行。

实际上很多人问我，我们食堂的东西油很大，没有低脂肪的东西，我又不能自己做饭，怎么减肥？其实这种情况，基本可以认为不具备减肥的条件。我们要有一个概念，不是所有人都有具有特别合适的减肥条件的，也不是所有人都有办法健康减肥的。所以，大家如果在使用模块化饮食法时发现条件受到限制，也只能尽可能地创造条件，比如吃工作餐，可以考虑自己带一部分容易带的食物，使用"半模块化饮食"。

模块化饮食法非常适合自己带饭。我的减肥课的学生，有的还自己买了真空包装机，把一份份的食物加工好，包装起来，吃的时候拿出来可直接食用，非常方便。

另外，模块化饮食法因为限制油脂的摄入，所以口味上不会那么吸引人，总的来说是比较清淡的饮食。但是，只要有心，利用模块化饮食，还是可以做出很美味的食物的。

195

「模块化饮食法」
后篇——
如何利用模块化食用材表?

第 6 章

NO.6 使用模块化饮食法如何注意膳食营养？

模块化饮食法提供了很完备的饮食营养，下面我们从营养健康的角度讲具体怎样选择食物，可以更好地利用模块化饮食法，做到最佳的营养均衡。

1. 谷物和薯类

谷物就是我们通常说的粮食，其中全谷物食物是最好的。全谷物指没有经过精细加工的谷物，比如小米、玉米、燕麦、糙米、全麦面粉等。全谷物食物应该作为主食的基础，精米、精面可以吃，但应该适当少吃，多吃全谷物食物。因为精细粮食在加工过程中丢失了大量的营养，比如B族维生素和矿物质损失能达到60%~80%。

同时精细粮食吸收快，吃下去之后血糖会迅速上升，对稳定血糖没好处，也容易让人过早感到饥饿，导致过量饮食。

薯类主要有土豆、红薯、芋头、山药、木薯等。我们平时喜欢把土豆当成蔬菜，实际上土豆属于薯类，应该作为主食的一部分。薯类作为主食，可以成为全谷物食物的有益补充。比如红薯不但能提供淀粉，而且胡萝卜素含量比较高，还有丰富的纤维素、半纤维素和果胶，能促进肠道蠕动，预防便秘。

2. 蔬菜水果

蔬菜水果是维生素、矿物质、膳食纤维，尤其是植物营养素的重要来源。首先,人长期不吃蔬菜和水果,身体受不了。另外,多吃蔬菜和水果,还对降低各类慢性病,比如心血管疾病、某些癌症、糖尿病的发病风险特别有好处。

不同品种的蔬菜水果营养价值差异比较大,选择的时候,首先要新鲜——越新鲜的蔬菜水果,营养价值越高。如果存储时间太长,蔬菜发生腐烂,还会导致其中亚硝酸盐含量增加,常吃这种蔬菜对健康很不利。腌菜、酱菜也尽量少吃。

其次,深色蔬菜的营养价值一般比浅色蔬菜高。深色蔬菜指深绿色、橘色、红色、黄色蔬菜,比如菠菜、空心菜、韭菜、西蓝花、西红柿、胡萝卜、彩椒、红苋菜、紫甘蓝等。水果最好生吃,榨果汁的话,应该连渣子一起喝掉。加工蔬菜时,应该急火快炒,先煮汤再下菜。蔬菜加工好之后,应该尽快吃完。

3. 肉蛋奶

肉蛋奶类食物是优质蛋白质的主要来源,粮食豆类也能提供蛋白质,但"质量"不如肉蛋奶。吃肉,建议以"白肉"为主,白肉也就是禽类和鱼虾蟹贝类的肉。与之相对的是"红肉",即哺乳动物的肉,比如猪牛羊肉、鹿肉、兔肉等。

白肉的好处首先是脂肪含量普遍比较低,多吃白肉,少吃红肉,有助于控制动物油的摄入量;另外有一定的研究证据能够说明,红肉吃得太多,会增加 2 型糖尿病、结直肠癌、肥胖的发病风险。红肉的优势在于有利于补铁,所以尤其是闭经前的女性,可以适当多吃一些红肉。平时应该经常吃鱼肉,尤其是海鱼,这对降低心血管疾病、脑卒中的发病风险有好处。

吃海鱼虽有益健康,但要谨防汞污染。较大型的、生命周期较长的食肉鱼类体内可能含有更多的汞，这类鱼有：鲨鱼、旗鱼、鲭鱼、狗鱼、马头鱼、海鲈鱼等。每周吃两次，每次 150 克左右含汞较低的海鱼，对健康就有好处。虽然对大多数人来说，不容易因为汞污染造成健康威胁，但孕妇、乳母和幼儿仍然需要小心。

肉类的加工，应多蒸煮、少炸烤，这样营养素损失较小，还不容易在加工过程中产生有毒化合物。

每天的膳食中应该有蛋类，并且健康人应该吃全蛋。

每天应该摄入奶类或奶制品。中国人钙摄入量往往不足，多吃奶类食物非常重要，它们是膳食钙最好的来源。酸奶、牛奶、奶酪、奶皮，甚至奶粉，都是很好的选择。如果有乳糖不耐受的情况，吃奶制品容易拉肚子的话，可以喝酸奶或者低乳糖的牛奶（少量多次也有助于减轻喝奶闹肚子的问题）。

4. 豆类

豆类包括黄豆、黑豆、青豆（这三种豆类统称大豆）、大豆制品，和比如红豆、绿豆、豌豆、鹰嘴豆等各种杂豆。

大豆和杂豆是非常好的植物蛋白质来源，植物中的蛋白质"质量"虽然不如肉蛋奶类高，但是如果几种植物性食物蛋白质搭配，营养价值就能接近于肉类。比如，豆类蛋白跟谷物蛋白"配对"，就是很好的组合。谷物蛋白缺乏赖氨酸；豆类蛋白富含赖氨酸，一个缺的正好让另一个补上，整体营养价值就提高了。大豆里面还有较多磷脂和植物化学营养素，这些东西对健康都有很好的促进作用。

吃豆制品，比如大豆，必须要煮熟。生大豆里面有抑制蛋白质消化的物质,叫胰蛋白酶抑制因子,对蛋白质的消化有一定影响。生大豆里还有植物红细胞凝集素,吃生豆或者没煮开的豆浆,可能会引起中毒。所以,豆浆必须彻底煮熟才能喝。吃大豆,是加工得越深入越好。

5. 坚果

坚果也是日常饮食中必须摄入的一类东西。坚果是不饱和脂肪酸和维生素E很好的来源,尤其是核桃和松子,亚麻酸含量比较高,亚麻酸属于欧米伽-3系列脂肪酸,现代人的饮食里往往缺乏这种脂肪酸。经常适量吃坚果,可以降低心血管疾病的发病风险,改善血脂问题。

模块化中九大类食物,我们在种类上首先要吃够。在这个基础上,建议平均每天吃12种以上的食物,每周25种以上。其中,谷物、薯类平均每天2种以上,每周4种以上;蔬菜、菌藻和水果平均每天4种以上,每周10种以上;禽畜鱼蛋奶平均每天4种以上,每周6种以上;豆类、坚果平均每天2种以上,每周5种以上;植物油不应该长期只吃一两种,其中还应该包括亚麻籽油用来凉拌菜时冷吃。

关于一日三餐的食物种类分配,建议早餐可以吃4~5个品种,午餐吃5~6个品种,晚餐4~5个品种,再加上1~2个品种作为零食就可以了。

NO.7 "食物相克"是真的吗?

很多人担心,食物吃得太杂,会不会出现"相克",实际上,食物相克,并没有什么站得住脚的依据。

当然,也不排除极少数食物组合会出现毒性反应,但日常食物大可以不必担心。20世纪30年代,就有人搜集民间传说的14组相克食物进行了动物实验和人群试食实验,没有发现任何中毒或异常问题。前几年,兰州大学公共卫生学院和中国营养学会也进行过相关的动物实验和人体试食研究,没有发现食用"相克食物"出现明显问题和中毒现象。

流传最广泛的食物相克可能就是"虾和维生素C",说这两种东西一起吃,就会变成砒霜。实际上,这是没有考虑剂量的问题。砒霜的中毒剂量约50毫克,想要靠吃虾和维生素C达到让人中毒的程度,在有足够的维生素C的前提下,1个人需要吃40公斤虾,这显然是不可能的。

另外,有些人认为食物种类不需要那么多,有些食物特别"滋补",只要多吃就可以了,实际上根本没有所谓的"超级食物"。

就已知的营养素来看,鲍鱼、海参这些东西,营养价值并不突出,尤其是海参。跟常见的海鱼相比,海参的蛋白质、维生素A、维生素E、维生素B_2、烟酸等含量都要逊色一些,锌、硒等含量也仅仅是稍微高一些,并不突出;如果跟常见的贝类相比,海参的钙、铁、锌含量还要更低。

总的来说,这些名贵的海味,在营养方面和便宜的海产品甚至淡水产品相比并无明显优势。任何一种食物,都不可能是"超级食物",只有均衡的、尽可能多样化的膳食,才是最健康营养的。

运动模块如何使用?

模块化饮食食材表里还有一个"运动模块",运动也是一份一份的。我们看运动栏,写着"每份约 300~400 千卡",前面解释过,这是其中一份运动的大致热量消耗。运动时的热量消耗跟体重有关,体重越重,消耗越大,所以运动模块里的运动,是针对大多数人而言的,有些体重比较轻的人,可能消耗不了这么多。

运动类型分成 4 种:有氧运动、NEAT、HIIT 和力量训练(NEAT 不属于运动,但是对减肥很有用,所以也放在里面)。这 4 类运动中,有氧运动和 NEAT 热量消耗比较好估算,HIIT 和力量训练不好估算,所以表中是按照通常的推荐量来做的推荐,用来减肥一般是足够用的。

运动,每天也是至少一份,跟饮食相配合。这是给不太会安排运动的人准备的,也算是懒人减肥法。有些人有自己的运动计划,当然可以按照自己的习惯来。

我建议大家,这 4 种运动类型,有氧运动和 NEAT,至少选一份,HIIT 和力量训练,也至少选一份,搭配起来效果更好。NEAT 就是"非运动性产热",不靠运动而靠平时多活动,积少成多来减肥。我们在前面介绍过。

另外注意,NEAT 是靠增加平时的活动来减肥的,所以需要的时间都比较长。比如在我的运动模块里,NEAT 动不动就需要

100多分钟。大家千万不要误以为这100多分钟需要一次性完成。NEAT本身就是靠平时少坐多站，少站多走，积少成多来积累碎片消耗的。所以，都是一点点短的时间积累在一起，才算是一份NEAT。而一份NEAT的时间也只是一个参考，在使用的时候，我们没必要分分钟做记录，比如每天尽可能多站，大概总时间多站两三个小时，就算一份NEAT了。减肥的效果也很可观。

很多研究提示，胖人和瘦人的生活方式在细节上差别很大。拿NEAT来说，有数据称，瘦人比胖人每天平均少坐2小时左右。点点滴滴的生活习惯加在一起，甚至能决定一个人的胖瘦。所以大家千万不要小看NEAT的作用。运动模块里的NEAT必须是额外增加的。

运动方面，比如游泳，我使用的代谢当量数据是针对运动员的。我们普通人，游泳技术有限，所以在游泳时，一般持续性消耗远不如运动员。所以游泳的运动消耗，我是刻意低估的。

还比如"足球"和"跑步"，有人觉得足球好像激烈得多，怎么跟跑步热量消耗差不多。实际上，足球跑跑走走，甚至有时候要停下来，它的直接热量消耗都是按照平均值来计算的。

力量训练中，"系统训练"是指有足够的负荷、组数、次数和恰当的组间休息，总之，是正经的力量训练。而"休闲训练"是指定期简单练练腹肌，做做俯卧撑、引体向上、自重深蹲等不系统的力量训练。"大肌群"指胸、背、腿臀，"小肌群"一般是肱二头肌、肱三头肌、肩、腹肌等。

NO.9 模块化饮食法 如何应对减肥平台期?

模块化饮食法在使用时,也有一些技巧,我们这里介绍一下怎么使用模块饮食法应对减肥平台期。

一种减肥方法,不管是限制饮食还是增加运动,刚开始使用效果都比较明显,但用着用着,减肥就越来越慢,最后都会不可避免地出现平台期。出现平台期,大多数人就只好进一步控制饮食增加运动,吃得更少,运动更多。但这样等于把自己逼进死胡同,减肥会越来越难,越来越累。

应对减肥平台期,其实没有特别好的办法。我们的体重,受到基因设定的限制,不可能无限制地下降。关于体重,有一种"设定点理论",就是说每个人的体重都有一个"设定点",到了这个点,身体就会比较稳定地保持体重。高于或者低于这个点,身体会想办法把体重调回所谓的"设定点"。

虽然说这只是一种理论,但是我们的胖瘦,很大程度上受到基因的决定,这一点是基本明确的。基因可以决定一个人的身体热量消耗多少和饮食热量摄入的大致情况,这些都强烈影响着我们的胖瘦。

所以,一个人的体重,以前100公斤,经过努力下降到60公斤,其实就很好了。有些人非要变成骨瘦如柴的模特身材,过分对抗身体设定,等于自己跟自己过不去,最后往往是惨淡收场,甚至患上饮食失调症。

所以，我们不要希望每一次减肥平台期都可以健康地突破。有的情况下，平台期可以突破，但是如果饮食和运动手段都已经使光了，那么遇到平台期我们也只有接受它。

模块化饮食法应对平台期的方法，就是根据个人情况，阶段性地实施模块化饮食法。怎么阶段性实施？用大白话来说，就是不要一次性把所有的减肥方案都用完，留一点后手。

比如有些人，本身饮食结构不合理，脂肪吃得太多，添加糖吃得太多，那么单纯改变饮食结构，不用刻意限制饮食热量，就能获得减肥的效果，这是有不少研究证实的。这些人就应该首先改变饮食结构，而不要急于限制饮食热量，也不要急于运动。改变饮食结构之后，体重一般都会降低，这就可以作为第一阶段的减肥方法。

等体重下降不明显了，出现平台期后再进入第二阶段，开始限制饮食热量或逐步增加运动。本书第 4 章章首故事里的 Ruby，减肥时就使用了间断性的实施方案。

用饮食结构是否合理、是否久坐少活动、有没有运动，来把减肥人群分成几种情况。不同的情况，有不同的实施模块化饮食法的步骤。比如饮食结构本身不合理，就建议先改变饮食结构。怎么改变？按照模块化食材表里面的食物种类和对不同种类食物的限制份数去吃——里面有什么食材，吃什么东西；有些食材限制不让多吃，就不多吃；有些食材要求必须多吃，就要吃足够的份数。

仅仅改变饮食结构时，不用做任何热量缺口。但也建议，还

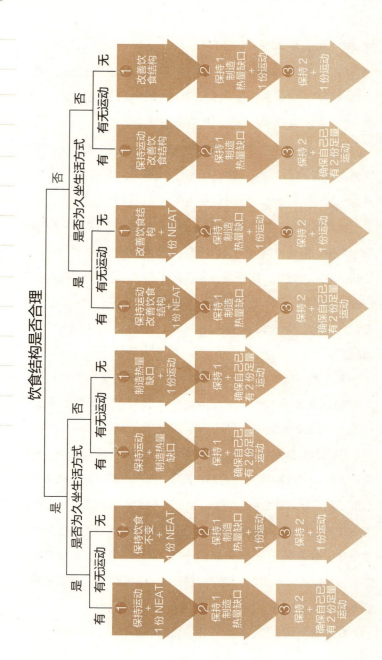

是计算一下自己每天能消耗多少热量，这样选择食物做到心里有数，不会明显超过需要。

另外，因为改变了饮食结构，增加了低热量密度的食物，减少了高热量密度的食物，摄入的热量减少了，食物的体积增加了，所以比较容易获得饱腹感。如果发现还没吃够自己需要的热量就饱了（这种情况在使用模块化饮食法后很常见），那也不用硬吃。

如果你以前是久坐的生活方式，那么建议先保持饮食不变，同时增加 1 份 NEAT。这样，第一阶段也能减少一些体重。等到了平台期，再做饮食热量的限制，或者增加运动。这种阶段性实施方案，也只是一个建议。在理解这种理念之后，大家可以根据自己的情况做一些调整，灵活掌握。

不骗你，我亲身验证——个人经验靠得住吗？

第 7 章

章 / 首 / 故 / 事

"6个酸枣"真的是减肥"神药"吗？

这是发生在我身边的事。

我一个亲戚有阵子每天吃6个酸枣，跟吃药似的认认真真一天不差，而且每次只吃6个。据她说，每天6个酸枣可以减肥，这是亲测有效的"秘方"。

事情是这样的，她的一个朋友有一阵睡不好觉，整晚失眠。听人说每天吃6个酸枣能睡好觉，就每天吃6个酸枣。结果吃了一段时间，失眠没改善，但感觉自己瘦了一些。她琢磨，这段时间饮食也没什么改变，就是每天多吃了6个酸枣啊。所以，6个酸枣能减肥的事就传开了。我这个亲戚听说以后深信不疑，还跟我妈说，劝我妈也这么吃，说人家是亲身验证的，肯定错不了。最后特意叮嘱，只能吃6个，不能多也不能少。

后来我这个亲戚减肥了吗？根本没有。吃了快2个月，身材一点没变。

6个酸枣真的能减肥吗？恐怕这根本就是天方夜谭。

有人问，为什么有人吃6个酸枣就瘦了呢？其实人一段时间的胖瘦跟很多因素有关，虽然自我感觉饮食上没有别的变化，但是不一定真的没变化。

我自己吃了多少难道心里还没数吗？很多时候恐怕还真是这样。

再讲个故事。有个女孩63公斤，前阵子我们还联系过，她说她这回终于找到不瘦的原因了。之前她一直跟我说，每天只吃1000千卡，多一点也不吃；然后早上空腹跑步，晚上跳操，但体重就是不变。她问我怎么回事。我说你最大的可能还是吃多了，对饮食热量摄入有低估的情况。她每次听到这种回答，就不太高兴，她说我吃什么都记录下来并计算过了，真的没有超过1000千卡。我说那不可能不瘦，你肯定还是吃得多了。她悻悻地走了。

结果前段时间，她来找我说找到原因了，就是吃多了。怎么回事呢？她买了个食品秤，给常吃的食物称了称重量，结果吓了一跳。她说以前吃土豆炖牛肉，大块土豆能吃十几块，她觉得那些土豆也就100克，所以就按100克记录的；吃一个大苹果，觉得也就150克吧，抛去苹果核，按100克记录的。结果一称重，100克土豆就两三口，一个大苹果竟有300多克！

BBC过去有个关于减肥的纪录片，说有一个女的挺胖，一直在减肥，每天详细做饮食记录，只吃1300千卡的食物，但就是不瘦。她觉得特别冤枉，认为自己可能是"新陈代谢慢"，后来测了基础代谢率，不比普通人低。营养学家用双标水法给她做了测试，结果发现，她每天实际摄入的热量根本不是1300千卡，大概有3000多千卡。

这个女的漏掉了一大半的饮食热量，但她也不是刻意在撒谎，她自己也觉得挺不可思议的。所以有时候，我们的记忆和感觉，甚至饮食记录都不一定靠得住。

详细做饮食记录，还有可能出错吗？是的。这方面有不少研究佐证。很多营养流行病学研究都发现，即便是对接受过膳食记录培训的人来说，他们记录自己的热量摄入时，少报是普遍现象。比如Kim等人在1年期的研究中发现，受试者膳食热量摄入量低估了8%~30%，平均低估20%。还有很多研究发现，胖人对热量摄入的低估程度超过瘦人。

Lichtman等人发现，年轻的肥胖者热量摄入低估了47%。Lansky和Brownell报告，肥胖症患者的热量摄入低估了53%。而且，很多研究都证实，女性比男性低估的热量更多。

所以，觉得自己吃得少，其实不一定是真的吃得少。觉得自己饮食没变化，不一定是真的没变化。

一个人的胖瘦是很多因素决定的，仅仅因每天多吃了6个酸枣，不能轻易认为这就是瘦下来的原因。即便出现了非常低概率的事件，6个酸枣对某个人真的有减肥的作用，但是也不一定适合别人，因为人与人的生理差异性实在太大了。

我的最后一本
减 肥 书

适合别人的不一定适合你

我妈有一阵子想去海南买房，看中那里的气候，说冬天可以搬去住。买房，当然要提前做功课，我妈的做法是"找个人问问"。于是她找了一个在海南买过房子的朋友，从地理位置、开发商，到人文环境、生活设施，所有跟房子有关的事，都跟人家详细打听了，并打算从城市、位置、开发商、物业，到楼层、户型完全听对方的建议，甚至连海南未来的房价走势，我妈都对对方的观点深信不疑。

我问我妈，你那个朋友是搞房地产的吗？她说不是。我说既然不是搞房地产的，那她懂这些吗？我妈的理由是，人家在海南买过房啊，当然懂了。

我妈的逻辑是，人家在海南买过房，是亲历者，所以她的观点一定是最有说服力的。似乎是说得通，但仔细想一下，问题很多。

首先，在一个地方买过房子，不见得就对这里的地理环境和人文环境有非常透彻的了解，更不可能预测此地房价未来的走势。

一个只在海南买过一所房子的人，对各个开发商、物业管理等也没有横向的对比，所以她对房子的这些信息其实也没有太多发言权。就房子本身来说，有人喜欢宽敞的大户型，有人喜欢温馨的小户型；有人重视通风，有人重视采光。每个人都不一样，别人喜欢的，不一定是你喜欢的。

真要想在一个地方买房子,关于地理位置和人文环境,可以查询官方公布的信息,比如公路铁路交通情况、历年气候信息、城市历史、绿化情况、空气质量、城市人口、人均收入、民族构成、文化习惯,等等,这些都是相对客观的评价。

中国文化是一种人际关系的文化,我们中国人遇到事喜欢"找人问问",比较重视人的主观评价,反而忽视了公正客观的评价。

说回减肥去,因为人和人的身体差异实在太大了,所以适合别人的不一定适合你。

在我们看来,人和人好像都差不多。但实际上,从生物学的角度讲,每个人都是独特的个体。我们每个人身体的生理生化环境都不一样,就如同我们每个人长得都不一样。

人与人之间的差异都有哪些呢?

1. 人种

不同人种,身体的差异很大。比如黑人特别容易患高血压,同样的盐同样的量,白人有时候就没事,黑人吃了就高血压。

还有,亚洲人普遍2型糖尿病易感。实际上亚洲人跟西方人相比,身体成分方面肌肉比较少,脂肪比较多,尤其是内脏脂肪较多,这可能是亚洲人容易得糖尿病的一个原因。

所以,同样的饮食,对不同人种的人来说,有的属于健康饮食,有的则不健康。这就要区别对待。营养学界,对实验证据进行评价的时候,也要考虑到人种适用性的问题,用西方人群做的研究,结论用在中国人身上,可信度评价就要降低一些,就是这个原因。

2. 性别

比如脂肪的储存方面,男性和女性几乎完全不同。男性的必需脂肪一般只有 3% 左右,而女性的必需脂肪一般有 12% 左右。女性跟男性相比,天生就是一个容易堆积脂肪的物种。

人体的脂肪组织,从宏观功能上分,主要有两类。一类是必需脂肪,比如储存在骨髓里面的脂肪,心、肝、脾、肾、肠等这些器官里也有一些生理必需的脂肪。这些脂肪都是维持正常生理活动所必需的,我们想生存就必须要有。另外,我们的中枢神经也主要由脂肪构成,大脑基本上可以认为就是一坨肥肉。人没什么不能没脑子。所以,有些人说我零脂肪,这是开玩笑。零脂肪,那人早完蛋了。一般来说,男性,最少也要有 3% 的体脂率,这 3% 的脂肪,是维持正常生理功能所必需的。

女性的情况比较复杂,对女性而言,除了上面说的这些必需脂肪之外,还有一些跟性别有关的脂肪,也属于必需脂肪。这些脂肪,跟女性的性激素和生育有关,不过具体的机制目前还不是特别清楚。但一般认为,女性的乳房、骨盆、臀部和大腿这些位置储存的一些脂肪,是跟性别有关的必需脂肪,如果这些脂肪不足,那么对女性的正常生理会有影响。

所以女人太瘦,容易出现月经不调等问题。一般来说,女性身体内大约有 12% 的脂肪是必需脂肪,低于这个比例就很难保证正常的生理功能了。

再拿基础代谢率来说,基础代谢率跟很多因素有关,但是不考虑其他因素,我们发现男性的基础代谢率仍然比女性高。这种说不清原因的性别差异其实还非常多。

运动减肥方面，似乎男性的效果比女性要好；而饮食控制减肥方面，女性的效果似乎比男性要好。不同的运动方式，有的更适合男性减肥，有的更适合女性减肥。即便都是女性，在不同的月经周期，运动减肥的效果也很可能不一样[1]。

3. 年龄

不同年龄的人减肥特点差异也很大。比如人的内脏脂肪会随着年龄的增大而增多，这个特点是不区分性别的。内脏脂肪比例的不同又直接影响减肥效果和减肥方法的选择。

女性在闭经之前，内脏脂肪普遍小于男性，一般认为这跟激素有关；但是闭经之后，女性雌性激素优势减弱，则可能出现内脏脂肪堆积增加的情况。所以，年轻女性的减肥经验不一定适合年长女性。

4. 营养基线水平

每个人自身的营养状况都不一样，反映在减肥方面，也会有很大差别。比如说，如果平时饮食钙摄入量很少，那么多吃奶制品或者补充钙补剂，就可能表现出明显的促进减肥的效果。但如果平时钙摄入量就很充足，那么补钙减肥就可能没效果。

在健身和营养方面，自身的基础营养情况影响就更明显了。比如有些人本身出现了某种营养素不足导致的营养缺乏症，那么补充这种营养素，就能看到很好的效果。但如果本身不缺乏这种营养素，那么额外补充也没有什么用处。

我有一个朋友，他孩子上小学，有段时间注意力不能集中，也不爱学习，成绩下降很明显。听说吃核桃健脑，就开始给孩子吃核桃。结果过了一段时间，孩子在学习方面果然看出一些效果。

这下我这个朋友深信不疑,核桃能补脑。他认为,这是他亲身经历的,绝对错不了。

后来他将核桃补脑的"方子"到处推荐给有孩子的、孩子学习不好的亲戚朋友。大家一开始都特别相信,因为是真人真事,很有说服力。但是后来,孩子们整天吃核桃,学习成绩也见没什么提高。

他觉得很奇怪,怎么我家孩子管用,别人家的就不管用了?后来我一打听,原来他家孩子的饮食严重缺乏欧米伽-3系列脂肪酸,很可能是这种必需脂肪酸摄入不足,所以对孩子的学习和认知能力造成了影响。吃核桃有助于补充亚麻酸,缺乏的营养补上了,所以在孩子身上体现出了不错的效果。但是对于本身不缺乏欧米伽-3系列脂肪酸的孩子来说,再吃多少核桃也没用,这种"补脑"的作用无法复制在别的孩子身上。

从健身方面来说,有些人说吃BCAA(支链氨基酸)管用,可以长肌肉,有些人说吃了不管用。其实,如果本身食物中蛋白质吃得足够,那么补充BCAA很可能就不管用;而食物中如果蛋白质缺乏,补充BCAA就更容易看出效果来。

从减肥方面来说,平时是高糖饮食还是高脂饮食,对运动减肥效果也可能造成一些影响[2],所以这方面影响因素是非常复杂的。

总之,一个人的基础营养水平也决定了他的特殊性。缺乏某种营养的人与不缺乏的人差异巨大,所以他们之间的某些经验,是不能简单复制的。

5. 运动训练情况

每个人的运动经历不一样，运动能力不一样，也会影响一种减肥方法的效果。比如说，没有规律运动习惯的人，他的肌肉里有氧氧化酶的活性就比较低，运动后过量氧耗也比较低；而同样的运动量，对于有规律运动习惯的人，减肥效果可能就明显。

运动情况也影响到一个人的肌肉量，对肌肉量多的人来说，每天不需要怎么运动，消耗也很大，不容易胖，所以相对来说可以多吃一点；而对肌肉量少的人来说，稍微吃多一点就不行，马上就会胖起来。所以你看到别人怎么吃不会胖，照着做不一定有效，因为你的情况很可能跟他们不一样。

6. 基础体重

每个人的基础体重都不一样，基础代谢率也不一样，每天的热量消耗差别很大。所以同样的饮食量，可能对 A 来说就是减肥饮食，对 B 来说就是增肥饮食，不能说我吃多少能减肥，别人吃同样多的东西也能减肥。

讲个故事。有个女孩减肥取得了阶段性的成功，她说她成功的秘诀就是"三大碗饭"，早上一大碗，有饭有菜有肉，中午和晚上也是，多一点也不吃。别人听了她这样减肥有效果，也跟着学，结果不但没瘦，反而胖了。为什么？因为两个人体重不一样！

"三大碗饭"减肥的女孩减肥前体重是 81 公斤，因为体重大，基础代谢率也很高，平时活动和运动的热量消耗也很大。三大碗饭对她来说就属于低热量饮食。但是对很多其他微胖的女孩来说，这样的饮食热量就超标了。

7. 其他个体差异

其实这是人和人之间不同的最主要的一点。每个人的基因都不一样,每个人身体的方方面面都不同,即便种族、性别、年龄、身高、体重等都一样,但人和人之间还是有很大的差别。

有些人,怎么吃也不胖,天生就是消瘦体质;而有些人,喝凉水都胖。这两类人,即便其他方面都差不多,身体差异还是很大的。"怎么吃"都不胖的生理性消瘦体质,这类人群一般基础代谢率本身就比较高,食物热效应也高,运动热消耗也一般天生就要比别人高。

在饮食方面,这类人群更偏爱低热量密度的食物,对食欲控制得更好;性格方面,这类人群可能更好动,不喜欢久坐。这种种差别,最终影响了一个人的胖瘦。

我听说过一件事。有个人以前是高低肩,走着站着,老是一个肩膀高一个肩膀低。后来去了一家健身房,人家说这叫脊柱侧弯,可以矫正,他花了不少钱,跟着矫正了6个多月,高低肩果然好多了。

他的一个朋友也是脊柱侧弯,据说从小就是高低肩,因为看到朋友的成功案例,他也去这个健身房矫正。前前后后矫正了一年多,钱花了不少,一点用没有。

都是脊柱侧弯,用一种矫正方法,怎么有的人有用,有的人就没用呢?实际上,从表面上看,两个人似乎都是脊柱侧弯,但本质上并不是一回事。

脊柱侧弯,可能的原因非常多。有些通过运动疗法是可以改善的,但大多数脊柱侧弯是特发性的,根本无法通过运动疗法改善。

所以，只有一小类脊柱侧弯有可能通过运动改善，即所谓功能性脊柱侧弯，或者也叫假性脊柱侧弯。这类脊柱侧弯，脊柱的结构没有出现变化，韧带、肌肉也没有病理性变化。

这类脊柱侧弯通过平时纠正姿态、体能训练、改变生活方式，甚至通过鞋垫纠正下肢长度不一致，都能达到一定的改善效果。但特发性脊柱侧弯，运动矫正就完全不起作用了，最多是缓解一些相关症状。

所以，人与人之间差异巨大，在减肥方面，适合别人的不一定适合你。不要以为某人亲身验证的事情，就一定是千真万确，放诸四海皆准的。很可能，A 的亲身经验只适合 A 本人，而根本不适合其他人。

NO.2 我觉得有用的，不一定是真有用

有些人总结的所谓自己的减肥经验，本身也不一定是对的。比如章首故事里说的，她认为自己瘦了是6个酸枣在起作用，其实并不是那么回事。

我在厦门认识一个人，是个儿科大夫。他曾自称"减肥导师"，到处教人减肥。其实事情是这样的，他有一次肠梗阻，住了几天医院保守治疗，好了。那段时间，他瘦了十几斤。其实我们都知道，肠梗阻不让吃饭，光输点液体，这么一折腾，谁都能瘦。但他坚信，他瘦了是因为他病了以后有几天没吃主食。从此就开始宣传"不吃主食减肥法"——只要不吃主食，就能瘦。他自己也坚持不吃主食，但我看照片他后来又胖回去了。

也就是说，他所认为的他瘦下来的原因其实并不是他瘦下来的真正原因。很多人觉得自己的事情自己清楚，其实未必。很多时候我们总结自己的经验也不一定准确。

个人经验不一定能移植到别人身上去，而"错误的"个人经验就更没用了。

现在市面上有不少所谓"减肥明星"，自己原本比较胖，后来瘦下来了，因为瘦得很快，所以一下子火了。但问题是，这些人本身没有学习过减肥科学，更不要说系统地学习人体生理学、运动生理学、营养学和运动营养学。这些人的减肥经验，就是靠

自己"琢磨"出来的,他以为他是这么瘦下来的,但真的是不是这样,还要打个问号。

这类减肥明星,没有能火很久的。因为这些人快速减肥之后,脂肪很快都反弹了,然后又进行新一轮的快速减肥。快速减肥的方法传授给别人,即便使用者快速瘦下来了,但之后必然反弹,反反复复几次,自然也就没人信这种方法了。这些所谓的"减肥终极方法"其实都是昙花一现,慢慢地掩埋在不断涌现的各种"减肥终极方法"之中。

其实,所谓的"减肥终极方法""唯一最好的减肥方法"真的管用吗?我们换个角度想也能明白。市面上永远不乏这类方法的出现,不管是电视、网络还是畅销书。如果这类方法真的是"终极方法",那肥胖问题早就解决了,市面上也就不可能源源不断地涌现新的"终极方法"了。

这就好像,自从种牛痘的方法出现后,天花就慢慢被消灭了,这说明种痘是管用的,解决了问题。假如不管用,接下来才会有新方法不断问世。减肥也是一样,从20世纪初开始一直到现在,西方国家,慢慢一直到全世界大多数现代国家,各种流行减肥法就没断过,好像割韭菜一样,一茬一茬的,这就说明这些流行减肥法根本不管用。

为什么自己总结自己的减肥经验也容易出现偏差呢?主要是因为人体太复杂了。减肥这件事,别说自己总结经验,学术界从有肥胖症研究到现在,至少已经有289年了,但是减肥问题还是没有攻克。现在连学术界,都不敢说有一种完备的有效的减肥方法。

快速减肥很简单,谁都会,但学术界不关注这种东西。我们之前也说过,真正的减肥是健康的、持续的减肥,不但要减肥,还要不损害健康,而且减肥效果还要能保持。这才是真正的难点。真正的减肥之所以难,是因为影响减肥的因素实在太多、太复杂。

我举个例子。我知道一个女孩,前前后后估计使用过三十多种减肥法。但这三十多种减肥法,一种管用的都没有,她最重的时候是113公斤。怎么胖的?用她自己的话说都是减肥减胖的。减一次胖一点。

这些减肥法为什么不管用?我们看她是怎么做的。有的减肥法说让不吃肉,素食减肥,她就不吃肉,低蛋白饮食饱腹感差,饿啊,就拿主食顶着,结果胖了;有的减肥法说吃水果减肥,她吃西瓜,晚饭一次吃一个,二十来斤的大西瓜,榴莲、香蕉这些也随便吃,结果又胖了;网上说运动减肥,她早上起大早出去运动一会儿,不吃饭,结果弄得一天没精神,什么也不想干,又胖了。

我总结过,减肥新手问的最多的一个问题就是,我每天跑1个小时,一个月能瘦几斤?或者我不吃肉,一个月能瘦几斤?还有好多人都在抱怨,说最近也在运动,每天跑步、跳绳,为什么不瘦?最近每天吃水果,为什么不瘦?

过去有个人跟我咨询减肥问题,问我用某种方法,一个月能瘦几斤?我没法回答,这要看你整体的饮食情况、运动情况、日常活动的情况等,能不能减肥都不一定。他不太高兴,说怎么没法回答呢,你就告诉我个数字,能瘦几斤不就行了吗?

我发现这件事跟他讲不明白。他是做房屋中介的,所以我故意问他,我有一套房130平米,现在能卖多少钱?他说在哪个城市啊？我说在天津。他说在天津，也还要看什么位置，什么小区，是不是学区房，周边交通便不便利，买东西方不方便，还要看楼层、户型、朝向、物业管理什么的，你就说天津有套130平米的房，我哪能告诉你能卖多少钱啊。

看来他明白，一套房子的价格不是一个因素说了算的。但到了减肥这件事上，他就不明白了，这是对减肥复杂性缺乏了解的结果。

减肥是个系统工程。减肥很复杂。我给大家总结一下，减肥能不能成，都是由哪些因素决定的。

减肥，我从热量摄入和热量消耗两大部分看，至少一共是10个因素。哪个因素做不好，都可能影响减肥效果。

* 蛋白质摄入比例过小，不利于减肥，尤其不利于持续减肥。因为这可能会在节食过程中消耗过多的身体蛋白质，也会降低混合食物的整体产热效应。

- 脂肪比例高，不利于减肥。
- 碳水化合物不足，短期体重减得比较快，但不容易持续，没后劲儿，反弹率高。
- 每日总热量摄入非常重要，有不少研究认为，这是目前唯一的可以明确的影响体重的独立因素。
- 进餐的次数也很重要，很多流行病学研究，甚至实验研究都发现，不吃早餐，减少餐次，不利于减肥。
- 非运动性产热（NEAT），有一些研究发现，有的人运动后减肥效果不好，甚至还胖了。因为运动增加了，但平时的活动大大减少了。短时间集中的运动，和长时间的久坐，效果相互抵消，甚至总热量消耗还有减少，人就胖了。
- 运动类型不对，减肥效果不好，比如女生减肥，HIIT效果可能稍差，而持续性有氧运动比较适合。
- 运动时间必须足够。
- 基础代谢率一定程度上是基因决定的，但我们也能改变。不当的饮食和运动，会降低基础代谢率，也不利于减肥。
- 其他基因因素，这个我们左右不了，没办法，但确实也是决定人减肥成败的一个关键。孪生子研究、领养研究都已经证明，就个人来说，胖瘦非常大程度上是由基因决定的。

以上的十个因素，如果细分的话还能分出几十种，而且这也只是仅仅考虑到减肥本身，如果考虑健康减肥，那么还有一个营养健康配比问题，和运动量控制问题，事情就更复杂了。

所以，真正的减肥是一项非常复杂的系统工程。这么复杂的问题，涉及到诸多方面，想要准确总结自己的减肥经验，本身就是很难的一件事。有些人觉得，自己是运动减肥成功的，其实很可能起主要作用的是饮食方面的改变；有些人觉得，自己是不吃肉减肥成功的，其实很可能是整体热量摄入降低在起作用；有些人觉得吃多没关系，运动一下就瘦了，可能是他基因决定了本身的总热量消耗比较高，而别人未必就可以多吃。

所以减肥这件事，我们自己总结的减肥经验本身也带有很大的主观性，可信度是个问题。

NO. 3 个人经验,容易受到价值观的影响

我们的个人经验,还非常容易受到价值观的错误导向,出现自我感觉的偏差。

比如有些人非常相信非自然的力量,那么他就很有可能把自己靠饮食控制瘦下来的功劳归于冥想或者某种仪式,这件事我们觉得很不可思议,但确是有真实的例子的。

我认识一个人,她就用念经来减肥,并且坚信效果非常好。我尊重她的信仰,也认为人有信仰是件好事,但是从现代科学的角度讲,很难说念经能不能减肥。

冥想可能是有助于减肥的,因为我们的意识对身体可能产生影响,这件事基本是可以明确的。比如冥想很可能能改变我们的食欲,或者改变我们的饮食偏好,进而达到减肥的目的。

但是理论上说可以做到是一回事,真的能不能实现是另外一回事。目前还没有一套公认有效的科学的冥想减肥方法,所以我们也不能轻易说念经、冥想这类方法可以有效减肥。

更何况,她在减肥过程中,也做了饮食控制和运动。但是她坚信,她减肥起作用的就是念经这件事。

还是那句话,人都会相信自己愿意相信的事。每个人的价值观对自己总结个人减肥经验必定是有影响的。可能我们不一定有上面这个故事中的主人公那样坚定的信仰,但是我们可能会相信

不骗你,我亲身验证 | 个人经验靠得住吗?

一些错误的,或者还不能被证明是真实的东西,进而影响到我们对自我经验的总结。

比如从饮食方法上来说,现在市面上很多人提倡"古人饮食法"。说我们吃东西要效仿古人。因为现代文明没多少年,人体不适应,我们更适应古人的饮食。按照古人的饮食法来吃才最健康。听起来好像还真是这么回事,因为在人类的进化过程中,现代文明阶段确实很短暂。而且,我们感慨今不如昔,总说"人心不古"。很多人都会有一种观点,认为古人什么都好,身体也比现代人好得多,没这病没那病的。这其实是对现代性的一种矫枉过正的反思,很多人都有这种盲目"信古""尚古"的价值观。这种价值观的出现很自然,但并不正确,也不客观。

很多人都说要学习过去的饮食,具体学习人类历史中的哪一段,其实自己也说不清。有的说是"原始人饮食","原始人"本身就是个非常模糊的概念;有的叫"石器饮食",石器时代人类的饮食恰恰经历了非常大的转折,也不知道说的是哪一个阶段;还有的说是"旧石器饮食",旧石器时代早期和晚期,人类饮食的差异恐怕也很大。

这是从时间上说,从空间上讲,同一时期的"古人",饮食习惯恐怕也是大相径庭,这跟地域分布关系很大。不说几百万年前,就我们现在所知的,因纽特人的饮食跟派玛印第安人的饮食差别就很大。

所以,其实这类饮食倡议往往还是一种"流行饮食法",在学术的框架下不会提出这种含混不清的概念。

有人说,古人都吃肉,不吃粮食。所以倡导我们都吃肉,不要吃五谷杂粮。我们的祖先真的是肉食者吗？实际上这很可能是个误区。

再往前不说，我们的"老老祖先"当然是以素食为主。就说采集狩猎时代，其实人类也不是整天吃肉。我们都以为打猎很容易，其实靠狩猎收获作为食物来源并不稳定，人类学家对现存的采集狩猎文明的研究和考古研究证据基本支持这种观点：采集的植物性食物可能仍然是那个时代人类的主要食物来源。

从身体生化环境上来看，人类有非常发达的消化淀粉的能力，对膳食纤维的消化能力也不低，膳食纤维能被我们利用，提供约 2 千卡 / 克的热量。这些本事都不是后来才进化出来的。

人们老说，原始人生活的洞穴里面有很多动物骨头，说明那时候主要是吃肉的。这种粗略的研究方法早就过时了。大家想一想，把我们的生活垃圾搁上几十年，再翻出来看，植物性食物的残渣往往保存不下来，也只剩下动物骨头了。

比较好的研究方法，叫石制品残留物分析（Residue Analysis），这种手段，相对来说也算是新生事物，毕竟 20 世纪 70 年代才开始在西方出现。石制品残留物分析是什么意思？简单地说，就是别光看肉眼能看得见的，应该看史前人类用的工具上残留了什么东西，这样得出的结论更有说服力。

残留物研究提示，其实我们的祖先饮食非常多样，可不光是吃肉。总体来说，我们的祖先可能还是以植物性食物为主的 [3]。比如南非特沃特斯兰德大学的学者，对旧石器时代中期 Rose Cottage Cave 遗址出土的石制品研究，在 50% 的石制品表面都发现了植物性食物残留（同位素 C13、N15 分析毕竟只能提供有限的证据,古人的骨骼和牙齿本来就有限,同时也很可能受到污染)。

另外,喜欢拿古人饮食跟现代人饮食相比的人,一般都喜欢说:人类的基因稳定性非常高,自然突变的概率很低,每百万年才0.5%。现代人跟1万年前的人相比,基因的差别也只有0.005%。所以,人类的基因,跟过去没多大差别,但饮食的变化却非常大,这就造成了现代人的慢性病高发。

基因的自然突变率很低,这是没错的。但如果拿现代人的基因,跟100万年前的人相比,毕竟还差了0.5%。虽然觉得0.5%好像差别不大,但实际上这个差异已经很大了。要知道,所有人类在DNA水平上99.9%是相同的。也就是说,人类基因组0.1%的差别,就造成了你、我、他这么大的形态、生理、生化的差异。

我们不要小看这0.1%。因为人类基因信息量庞大,0.1%也是相当大的差别。比如,哪怕其他生活习惯都很类似,但有些人吃肥肉,就是怎么吃也没事,有些人多吃一点,就动脉硬化了,很大程度上就源于这0.1%的差异。

所以,从基因组改变的角度来说,太早期的人类跟我们差别还是不小的。现代人改用采集狩猎时期人类的饮食,不一定合适。农耕时代的可能还勉强。

另外,基因这件事,可能比我们想象得更复杂,双胞胎研究也经常能观测到一些难以解释的差异。比如双胞胎得病,也不完全一样,甚至差别会很大。基因是一方面,后天环境的干预对人体生化环境的影响,可能比我们想象得要大。

人类的基因变异速度或者说人类适应环境的能力,可能也比我们想象中要快得多。比如人类喝牛奶没有几千年的时间,但这短短几千年,成年人也进化出了消化乳糖的能力,虽然还不很完善,但总是可以喝牛奶了。还有人类对某些疾病的抵抗能力,也能反映人类快速适应环境的能力。

人体内的微生物以及自然界动植物的巨大改变也不能不考虑在内。

有一点很多人可能没注意到,那就是我们人体的运作,不光是我们自身在起作用。实际上我们的身体,相当于一个小的生态系统。我们身体里还住着数以亿计的细菌,这些东西也是我们的一部分。人体的基因突变速度可能相对很慢,但这些与我们共生的细菌,基因突变的速度可不慢。拿肠道细菌来说,它跟我们的健康关系很大。我们现代人的肠道菌群,跟1万年前的人,肯定不一样。跟100万年前的人,差别更大。他们吃的食物,可能有很多我们干脆消化不了。

我们和所谓"古人"吃的食物实际上也有变化。"古人"吃的野生蔬果跟我们现在的也不一样,营养素的含量很可能有很大差别。因为现在我们吃的很多蔬菜都是野生植物后来驯化种植出来的。

最后,最重要的一个问题,"古人"真的很健康吗?

我们老觉得古人特别健康,没有糖尿病,没有心脏病,一个个好像都很结实。实际上,这也只是我们的一种假设,没有证据能说明石器时代的人没有糖尿病、高血压。所以,认为古人很健康,也还是我们的价值观在作怪。

有一项针对采集狩猎时期人类保存较好的遗体的研究,发现

137具遗体中，有47具有疑似或确定为动脉粥样硬化病的证据。（注意，动脉硬化斑块多形成于青壮年。这跟我们的直觉不一定吻合。）

现代慢性病，我们可以推测，"古人"患病率估计不高。但是，古人也不见得比我们更健康。比如一直保持近原始生活方式的希维族人实际上身体就不那么健康。大多数希维族人有寄生虫病，有数据称只有50%的儿童能活过15岁。

不管怎么说，认为古人都很健康，这也只能是一种假设。其实古人寿命短，大多活不到很多退行性疾病的发病年龄就死掉了。我们说个笑话，如果古人活不到老年状态，那就不太可能得老年痴呆症。

另外，即便"古人"普遍相对现代人健康，这该归功于饮食，还是因为比现代人多得多的体力活动，也是个问题。很多人可能认为古人吃得少，实际上这很可能不对。很多学者都认为，古人每天的热量摄入其实比我们多。多吃多动，可能是古人的特点，这可能是很好的生活方式。比如流行病学研究认为多吃多动跟心血管疾病风险降低有关。

现代人饮食有问题，但矫枉过正，盲目效仿古人饮食，一窝蜂都恨不得茹毛饮血，是不是就一定健康？其实还远没有结论。

反过来说，很多人觉得我使用所谓"古人饮食"效果特别好，这儿舒服那儿也舒服，其实未必真的是所谓"古人饮食"在起作用，很可能是你的价值观在左右你的认知和感觉。

当然，"古人饮食"也有可取之处。我只是说，不建议盲目模仿所谓古人的饮食方式，但并不是说这种饮食方式没有任何可取之处。古人饮食在大致上，至少有几点可以基本肯定。

* 脂肪摄入一般较少。
* 没有精加工食物。精米、精白面，肯定没有，更不要说精制糖，古人能接触到的最甜的食物可能就是蜂蜜。
* 没有添加剂。
* 膳食纤维摄入量大。古人吃东西比较粗，这从牙齿化石上就能得到印证，有学者估计旧石器时代的人类，膳食纤维的摄入量能达到每天100克，这现代人根本比不了。
* 不吃盐。人类食盐的历史并不太长。

很多慢性病跟吃有关，这点也不得不承认。能借鉴古人饮食之长，毫无疑问是有益处的，但这种借鉴，应该理性和清醒，盲目效仿古人饮食就没必要了。

伪科学是如何利用我们"想当然"的心理的?

这里顺便说一下我们"想当然"的心理跟伪科学的关系,这部分内容比较枯燥,没有兴趣的朋友可以直接跳过。

我们喜欢想当然,自己给自己总结一些经验,对事物的看法也是喜欢"我觉得"如何如何。这样对减肥是没好处的,但伪科学最喜欢这种东西。

我给大家举个例子。拿蛋白粉来说,蛋白粉的生产技术已经相对成熟,蛋白粉的生产厂家为了突出自己的产品,和其他产品拉开"档次",就必须在宣传上做些文章,让消费者觉得自己的蛋白粉比其他品牌的好。

通常,蛋白粉厂家喜欢从所谓蛋白粉"颗粒大小""溶解度"上做文章,说自己的产品是小颗粒的、溶解度更好的蛋白粉。因为消费者会想当然地觉得,颗粒小、溶解度好的东西,肯定好消化、好吸收。

但蛋白粉的颗粒大小和溶解度不同,真的能够使蛋白粉的营养价值产生质的区别,进而影响我们的增肌效果吗?其实并不是这么简单。

蛋白粉是一种浓缩的蛋白质来源,蛋白粉跟食物蛋白质之间没有本质的差别。所以,评价一款蛋白粉的好坏,通常的方法,也是使用国际上通行的对蛋白质营养价值的评价方法。

评价蛋白质的营养价值,一般使用两种方法:一种是化学方法,另一种是生物学方法。

我们摄入蛋白质,需要的是氨基酸。更准确地说,需要的是我们身体不能合成的8种必需氨基酸。这些氨基酸,我们身体不能合成或者合成速度缓慢,所以必须依赖食物途径获得。我们的身体,对这8种必需氨基酸的需要量不同,有的氨基酸需要量小,如果多补充,就造成一种浪费;有的需要量大,不够的话,会影响蛋白质的利用。所以,一种蛋白质来源中的8种必需氨基酸的比例,越接近人体的需要,这种蛋白质来源对我们来说,就越有营养价值。

蛋白质营养价值评价的化学方法,就是分析一种蛋白质来源的氨基酸构成和特点,最终看的一般是两个数据,一个是化学评分(CS),一个是氨基酸评分(AAS)。

化学评分,近年使用的还是FAO(1970)推荐的方法。也就是测定一种蛋白质来源中某一必需氨基酸的相对含量跟其必需氨基酸总量的比例。然后拿这个比例,跟鸡蛋蛋白的相应比例对比。越接近鸡蛋蛋白(评分越接近100),则这种蛋白质来源的化学评分越高。

氨基酸评分,就是测量一种蛋白质来源中的某一种必需氨基酸占FAO/WHO模式中相应氨基酸含量的百分比。氨基酸的含量越接近FAO/WHO模式氨基酸含量,评分越高,"满分"同样是100分。

蛋白质营养价值的生物学方法,其实说白了,就是找实验动物的幼仔吃吃这种蛋白质,看看幼小实验动物体重的增长跟所摄入的蛋白质的比值，得出来的数据可以表示蛋白质用于生长的效率，叫蛋白质功效比（PER）。

一般来说，一种蛋白质来源的 PER 大于 2.0，则为高质量蛋白质；PER1.5~2.0 为中等质量，小于 1.5 则认为质量较低。

PER 相当于拿一种蛋白质来源直接做实验，反映出蛋白质的消化率（AD、TD）、生物价（BV）、净利用率（NPU）这些数据。

所以，衡量一种蛋白质来源，具体到今天的话题，就是衡量一种蛋白粉质量的高低，主要看 CS、AAS、AD、TD、BV、NPU。拿 CS 和 AAS 来说，大豆分离蛋白一般是 44.6 和 48.3，相对较低；乳清浓缩蛋白一般是 83.4 和 94.6，就非常不错了。

看看蛋白粉的 PER 数据，有一项研究评价了粗蛋白质含量为 80% 的某品牌混合蛋白粉，这种蛋白粉是大豆分离蛋白粉和乳清浓缩蛋白粉的混合物，PER 结果为 2.22，属于高质量蛋白质。通常的动物来源的蛋白粉产品，PER 结果都比较高。

所以，我们说一种蛋白质来源的好坏，起码的这几个数据是必须有的。而仅仅说所谓的颗粒大小、溶解度高低，实际上远不足以说明任何实质性的问题。蛋白质来源主要还是用植物来源和动物来源来区分的，总的来说，动物蛋白质来源或者混合蛋白质来源的质量都比较高。同样是乳清蛋白粉，仅仅是加工方式、颗粒大小有差别，根本不足以对蛋白粉的质量造成本质的影响。

所谓的蛋白粉颗粒大小，就是蛋白粉颗粒的直径，这跟蛋白粉的"溶解度"有一点关系。

拿乳清蛋白浓缩粉（MPC）来说，原料乳在预热、脱脂、巴氏杀菌、洗滤浓缩之后，目前普遍采用喷雾干燥的方法来去除水分。喷雾干燥的温度，是影响 MPC 粒径的主要因素。比如有数据称，喷雾干燥温度分别为 130℃/65℃ 升至 190℃/93℃ 时，MPC 粒径由 18.24μm 增加至 31.78μm。温度越高，MPC 的粒径较大。

MPC 颗粒的大小，确实会影响到其所谓"溶解度"。为什么叫所谓的"溶解度"呢？因为蛋白质是没有真正的溶解度的。蛋白质属于有机大分子化合物，在水中以分散态存在，而不是真正化学意义上的溶解态，所以蛋白质没有真正意义上的溶解度。我们一般只是把蛋白质在水中的分散量和分散水平看做蛋白质的溶解度。

而较高温度喷雾干燥的 MPC，粒径较大，"溶解度"也确实会差一点，表现为不能分散，而是粘附于容器内壁，或者沉淀于容器底部。

但是，这种所谓的"溶解度"对蛋白粉的营养价值真的有很大的影响吗？其实没有。比如我们都知道，酪蛋白粉溶解度很差，几乎不溶解。但某品牌蛋白粉营养价值检测中，作为对照的酪蛋白粉的 PER 还要更高一些，达到了 2.5。所以，溶解度不能作为决定蛋白质来源营养价值考量的主要标准。商家用溶解度作为宣传的噱头，其实不过是一种营销手段而已。

所以，很多时候我们想当然的东西不一定靠得住，这种想当然的心理非常容易被伪科学利用。

NO.5 理解 实践是检验真理的唯一标准

说了半天，减肥不应该轻信个人经验。那应该相信什么？相信客观的科学研究。

当然，这也不是说个人经验没用，而是说应该谨慎对待个人经验。个人经验有价值，但不是指导减肥实践的金标准。因为很多减肥误区，就是口口相传，用所谓的个人亲身验证迷惑了一大批人的。

理论的可贵之处在于它的客观性，科学并不是针对某一个人，而是针对大多数人，研究共性。

陆游教育儿子，说"纸上得来终觉浅，绝知此事要躬行"；赵括"纸上谈兵"打了败仗……过去说"实践是检验真理的唯一标准"，好像都是在强调，实践第一，理论第二。书本知识终究不如真人真事来得有用。这些话都不能算错，但要看用在哪儿。

陆游教子，说的是古人的学问；纸上谈兵，说的是打仗；真理的实践检验标准，说的是政治，是主义问题；而减肥是自然科学问题，减肥的研究对象是人体，不是做人的道理，不是治国方略，不是风云变幻的战场。

人体是具有客观性的，是不根据个人主观的意志而变化的。所以，减肥必须依靠科学理论，而不是个人实践的经验。

跟减肥密切相关的科学，比如运动医学、运动营养学，这些领域的知识是怎么来的？大家千万不要以为是研究者关在屋子里闷头编出来的。这些领域的书本知识，基本都是做实验做出来的。在这个领域，实验就是实践，拿真人（至少是动物）来实践理论假说（这跟理论物理不一样）。

我们来看看一个典型的科学减肥实验大致是什么样的。

比如要研究一种减肥补剂的减肥效果。首先，研究者会随机抽取若干数量的研究对象，并且一般要对实验对象做全面体检和调查，保证实验对象没有疾病，没有任何不良嗜好。然后给实验对象随机分组。有的人想，分组干嘛？让这些人都试试这种减肥补剂，看看有没有用不就行了吗？现代科学实验不这么做，因为如果没有对比，就看不出效果。如果都使用减肥补剂，那跟谁对比呢？所以，一般这种情况下，要给受试者分成3组，一组是补剂组，这组人使用补剂；另外一组是不使用补剂的；还有一组是使用假补剂的安慰剂组。

为什么要安慰剂组？为什么要使用假补剂？实际上这是为了避免主观因素对受试者产生影响。

我们都听过类似的故事，说某人坐船晕船，谁也没有晕船药，旁边有个人灵机一动，把自己的维生素片拿出来说是晕船药给晕船的人吃了，结果还真管用。

大家都知道有个词叫安慰剂效应。也就是说，很多东西我们觉得有用或者没用，可能是心理作用引起的。比如某种减肥方法，说用了能抑制食欲，最终如果有效，很难说食欲的降低是不是安慰剂效应。

我们可能对安慰剂效应的强大之处还不够了解，心理作用能那么厉害吗？我再给大家举个例子，这个例子是心理作用引起主观感受癔症的典型事例。1998 年，美国田纳西州有一所中学，有 100 多名学生和老师因为中毒进了医院，其中 30 多人中毒反应严重。大多数人都说闻到了异味，味道描述得很详细，有鼻子有眼，并且感到恶心、头晕、乏力，甚至出现呕吐，呼吸困难。

结果就此事的调查没有发现任何有毒物质。原来是这所学校的一个老师上课的时候突然说闻到了异味，然后开始出现中毒症状，学生们就跟着倒下一片，也都出现了"中毒症状"，最后症状蔓延到整个学校。几天后"中毒"的师生出院，学校复课。就在复课当天，又有几十个学生说自己出现中毒症状，又送医院，官方又开始调查，还是没有发现任何有毒物质。据说后来是心理学家介入调查研究，才明白了这都是心理暗示在折腾人。

当然，这个事件是反安慰剂效应的一个典型事例。但其实不管是安慰剂效应，还是反安慰剂效应，基本的机理都是一样的，都是心理因素引起了主观感觉甚至生理上的变化。

所以，一个好的实验必须有安慰剂组。这一组人，吃的"药"看起来跟其他人吃的一样，但实际上里面没有任何有效成分，一般就是淀粉做的"假药"。

分好组之后，三组被试者还要求每天保持同样的能量平衡情况，也就是说，让所有人都处于热量摄入和热量消耗同样的状态，要么都吃的和消耗的一样多，要么都制造若干千卡的热量缺口，或者热量盈余。同时，被试者还要求活动量差不多，在实验期间情绪稳定，无心理压力。然后给补剂组和安慰剂组吃真的和假的补剂。

这个过程还需要遵循"盲法原则"。就是被试者并不知道自己是在补剂组还是在安慰剂组，并不知道自己吃的是真药还是假药。这样做，是为了尽可能减少主观因素对实验的干扰。

实验被试者不知道自己吃的是真的还是假的补剂，但研究人员知道，这种叫"单盲实验"；假如连研究人员也不知道哪一组吃的是真的还是假的补剂，那么这种实验就叫做"双盲实验"。双盲实验显然更好，因为研究者如果知道哪一组吃了真的补剂，那么有可能会下意识地对这一组更加"关照"，或是暗示实验被试者做某些行为等，这样会干扰实验结果。

所以，从实验研究人员到实验被试者，谁也不知道谁吃的是什么，而分组情况被第三方掌握，最后汇总实验结果的时候才"公布真相"，这在最大程度上就排除了主观的干扰因素。

最后，还有一个实验周期的问题。减肥补剂实验，实验周期一般从几周到几十周不等。有些东西的效果要长时间使用才能看得出来，这样实验周期就更长。实验周期越长，可能越能说明问题。有很多实验，在结束后还要跟踪调查实验被试者的情况，比如减肥方面的实验，实验结束后了解被试者脂肪反弹的情况就很重要。

流行病学实验一般周期更长，实验样本人数更大。针对上万人历时数年的研究并不算稀奇，有些研究的周期长达十几年，样本人数十几万人。

这类实验最后的评价，还要根据实验设计、研究质量来确定证据强度，有些证据更可信，有些证据就差一些。如果做综合评价分析的话，还要考虑证据的一致性、健康影响、研究人群和适用性问题，非常严密和复杂。

学术书本上的科学减肥理论就是这么一点一点研究出来的。

了解了现代科学对减肥的最基本的研究方法，我们就知道了。首先，书本知识也是实践，而不是有些人认为的"空理论"。在减肥科学里没有空理论，所有理论都是建立在"实践"的基础上的，都是有看得见摸得着的研究依据的。

其次，学术书本上的减肥理论，不但是实践，而且是更科学、更可信、更客观的实践。科学研究尽可能地排除了主观因素的影响，而我们个人总结经验根本不可能做到这一点。

但所谓的"亲身验证""现身说法"大不了是一两个人、三五个人短期的经验，与书本上的科学减肥理论根本不是一个档次。

我们应该庆幸，自己生活在一个科学主导的世界里。我们都知道，科学是好东西，但什么是科学，我们可能不了解。科学，首先要排除主观性，做到客观严谨，个人经验，不管怎样，也仅仅是经验，有一定的价值，但是价值很有限。

把个人经验凌驾于科学理论之上来指导减肥非常容易走错路，走弯路。在减肥的过程中，谨慎对待个人经验，谨慎对待"真人验证""亲身经历"是非常重要的一条最基本的减肥智慧。

参考文献

[1] LAMONT LS.Gender Differences in Amino Acid Use DuringEndurance Exercise[J]. Nutr Rev, 2005, 63(12):419-422. doi: 10. 1301/nr. 2005. dec. 419-422

[2] PAOLI A, MARCOLIN G, ZONIN F, et al. Exercising Fasting or Fed to Enhance Fat Loss Influence of Food Intake on RespiratoryRatio and Excess Postexercise Oxygen Consumption After a Bout of Endurance Training[J]. IJSNEM. 2011, 21(1):48-54.

[3] Williamson BS. Preliminary stone tool residue analysis from Rose Cottage Cave[J]. Southern African Field Archaeology. 1996, 5:36-44.